东方风情
影响中国室内设计进程的
188套样板房系列
深圳创扬文化传播有限公司 策划
徐宾宾 主编
ORIENTAL STYLE
SHOWFLATS

江苏人民出版社

CONTENTS / 目录

江公馆——度假休闲风 004
中信华府14幢301样品房 012
海润滨江 018
会呼吸的空间 024
金华街隐哲样品屋 030
汕头金色家园复式样板房 034
中悦帝宝 044
肇庆鸿景锦园现代东南亚风情样板房 050
惠州市中锴金城花园样板房 056
风情巴厘岛 062
文鼎苑 068
艳丽视觉 074
082 创意生活样板房
088 北京融科橄榄城二期示范单位
094 吹着中国风的东南亚风情
100 唐风余韵
106 心系瓷缘
112 新都汇样板房
118 广丰新东街样板房
126 广丰新东街样板房（G3户型）
130 东莞江南第一城创意样板房——新东方
138 可逸豪苑
144 感悟东方禅意
150 土豆的民族风情

万科东方尊峪示范单位——中西合璧 158
东方气韵——济南锦绣泉城 166
空中院子——惠州水云居 170
苏州印象——苏州朗诗国际街区 176
中国红——济南锦绣泉城 180
澳城D栋 184
肇庆鸿景观园中式样板房 190
天母777 196
一品苑精品屋 202
平顶山东南亚风格样板房 206
成都心怡·紫晶城A户型样板房 212
保利心语 218
222 东方玫瑰花园
230 南亚风情的时尚
236 苏杭风韵
242 远雄·大未来样品屋
248 康达尔·五期蝴蝶堡样板房
254 厦门水晶森林晶尚名居样板间
258 对外君临C户型
262 庆泽园陈公馆
268 万科红郡
274 东情西韵
280 东南亚风格——泰皇出巡

东方风情

ORIENTAL STYLE SHOWFLATS

江公馆——度假休闲风

设计公司：彩韵室内设计有限公司 / 设计师：吴金凤 / 参与设计：范志圣 / 建筑面积：528平方米 / 主要材料：木纹石大理石、意大利版岩石、印度尼西亚砂岩石浮雕、釉木木皮、动物皮革、进口壁纸、泡绵裱褙、锻造铁件、明镜、意大利进口灯、釉木实木地板

在强调自然元素与民俗工艺的基本框架下，南洋里风情总浑然天成地将所有家具摆饰统整在内，突显人性化亲和度，无需再刻意凝聚重心，自然就造化栩栩如生、万象归元的“心”艺境，于是回到家，即刻感动这股隐于无形的舒适自在，尽情抛开尘嚣，沉浸于色调、质材、光线与图腾之中，所追崇的精致原始风情、奢华与自然早已融合为一体。

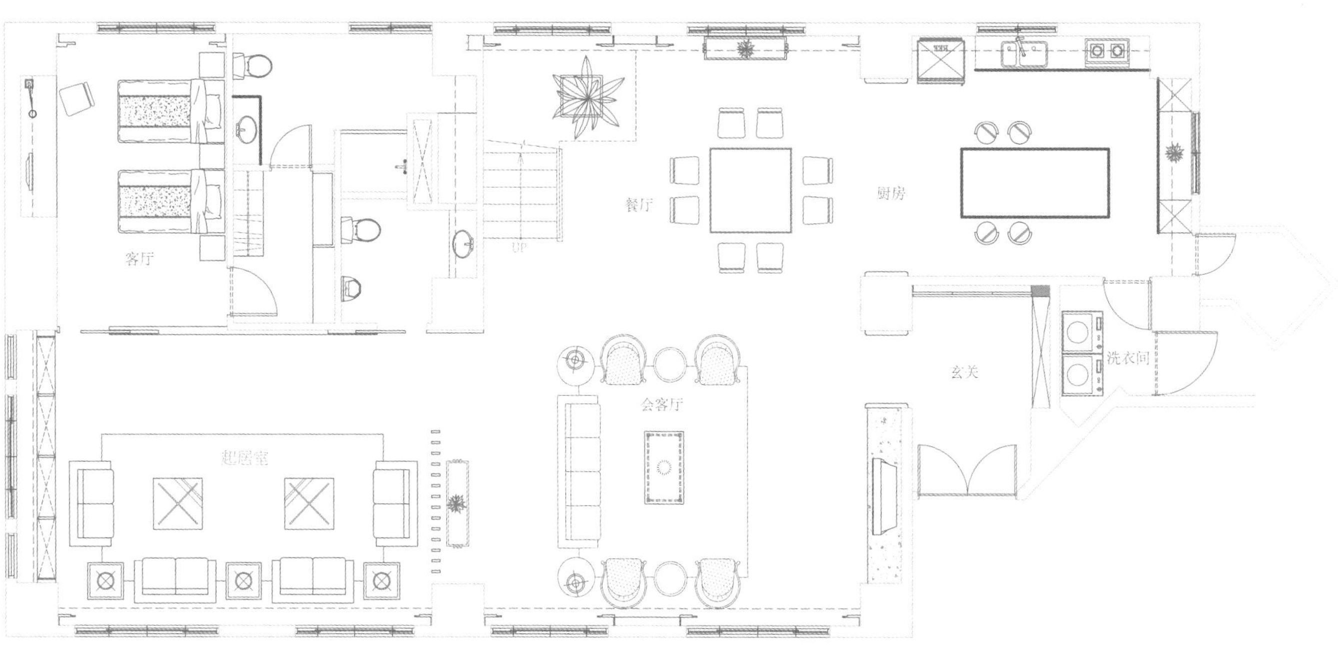
客厅
UP
餐厅
厨房
洗衣间
玄关
会客厅
起居室

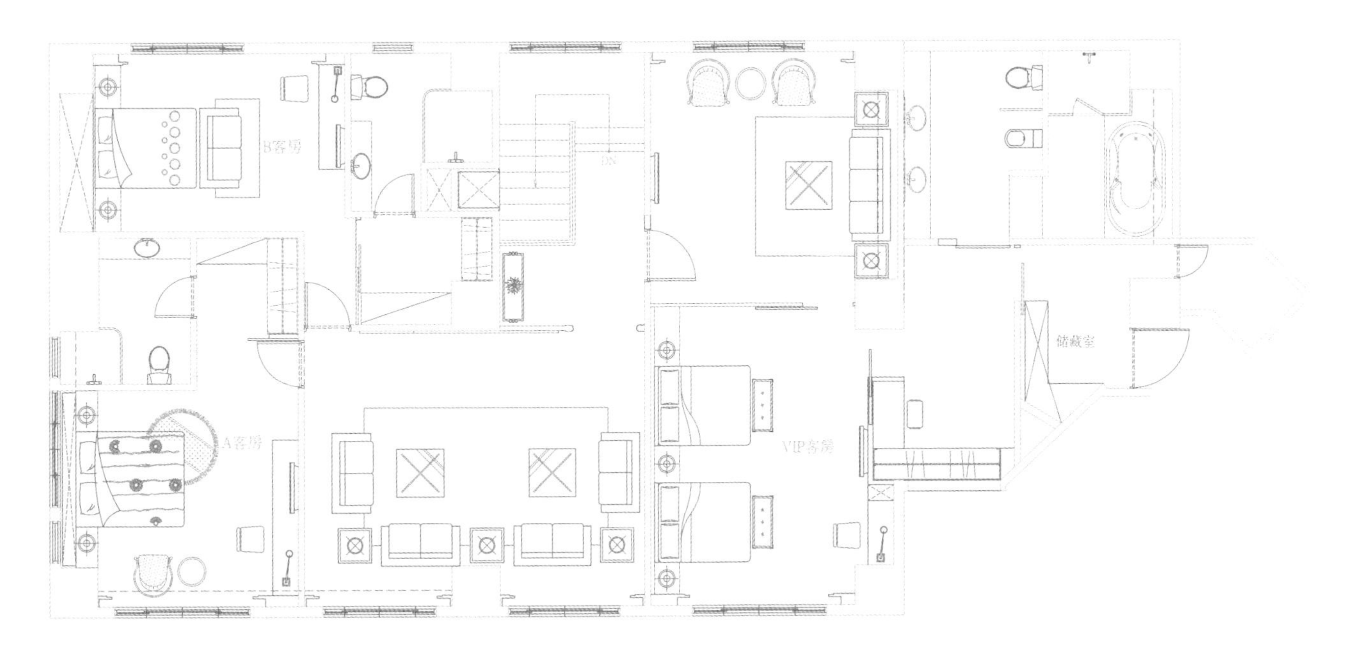
B客房
DN
储藏室
A客房
VIP客房

信华府14幢301样品房

设计单位：汕头市一帜环境艺术设计有限公司 ／ 设计师：李仕鸿　杨培伟 ／ 项目地点：普宁中信华府 ／ 建筑面积：228平方米 ／ 主要材料：柚木板、墙纸、浅金碧辉煌米黄、抛光砖 ／ 摄影师：邱小雄

该样品房以中式风格为基调，配合现代的设计元素，借设计师娴熟的设计手法赋予另一种中式意境，脱去以往中式厚重的浓郁，诠释出中式的另一番清新淡雅。

客厅——电视背景墙为经过特殊处理的米色天然石材，凹凸不平的纹理，结合黑镜的光滑透亮，产生独特的美感，客厅的鞋柜加雕花隔断，使得客厅与餐厅之间得到最大化的延伸，实用且有美感。

餐厅——原布局大门直对着的通道稍显狭长，故在此设计了一木隔断，由曲面木质线条如编织般穿插而成的隔断立体效果强烈，给空间带来一种韵味，餐厅与厨房、书房隔断的别致推拉门木把手，以及经过提炼的中式设计元素，连同餐桌椅、灯饰的摆布，都能让我们感受到中式的儒雅氛围。

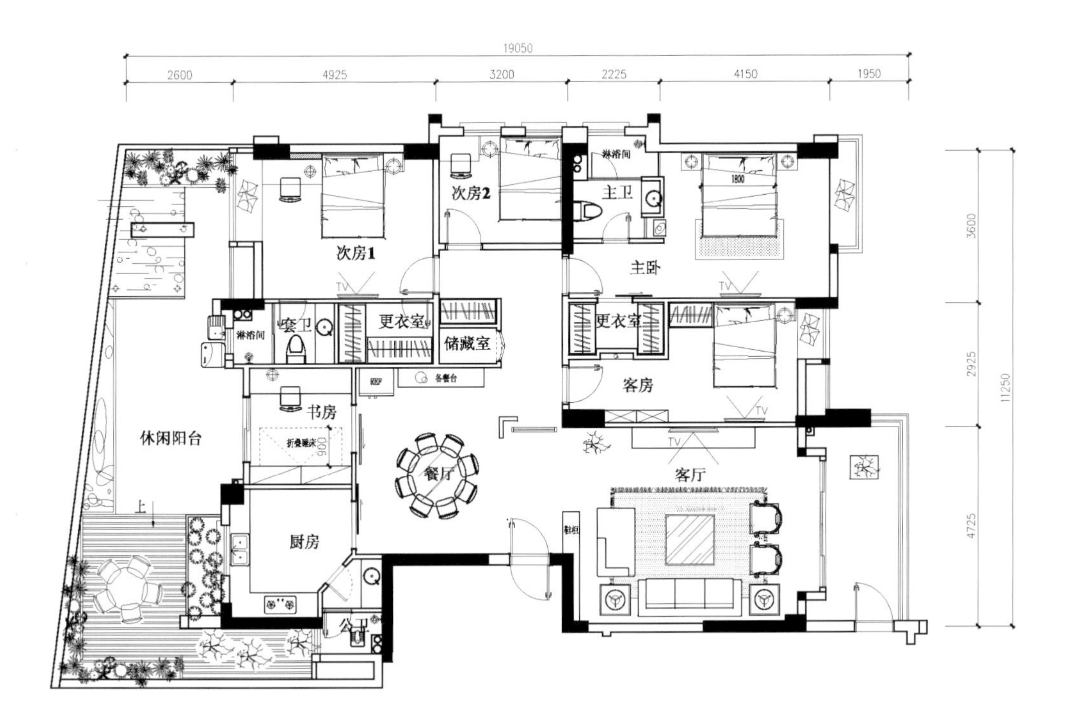

主卧——利用主卧与客厅之间墙体的相互凹入，赋予了主卧另一功能区——衣帽间，主卫巧用墙体与清玻这两种虚实隔断并加上珠帘饰品点缀，主卧床背只用了咖啡色软包辅以喷砂黑色玻璃点缀，不落俗套。

游走于此样品房，会感觉到好的设计总是能把握住整体感，关于造型、材质、饰品、灯光等等，这也是这套样品房的魅力所在。

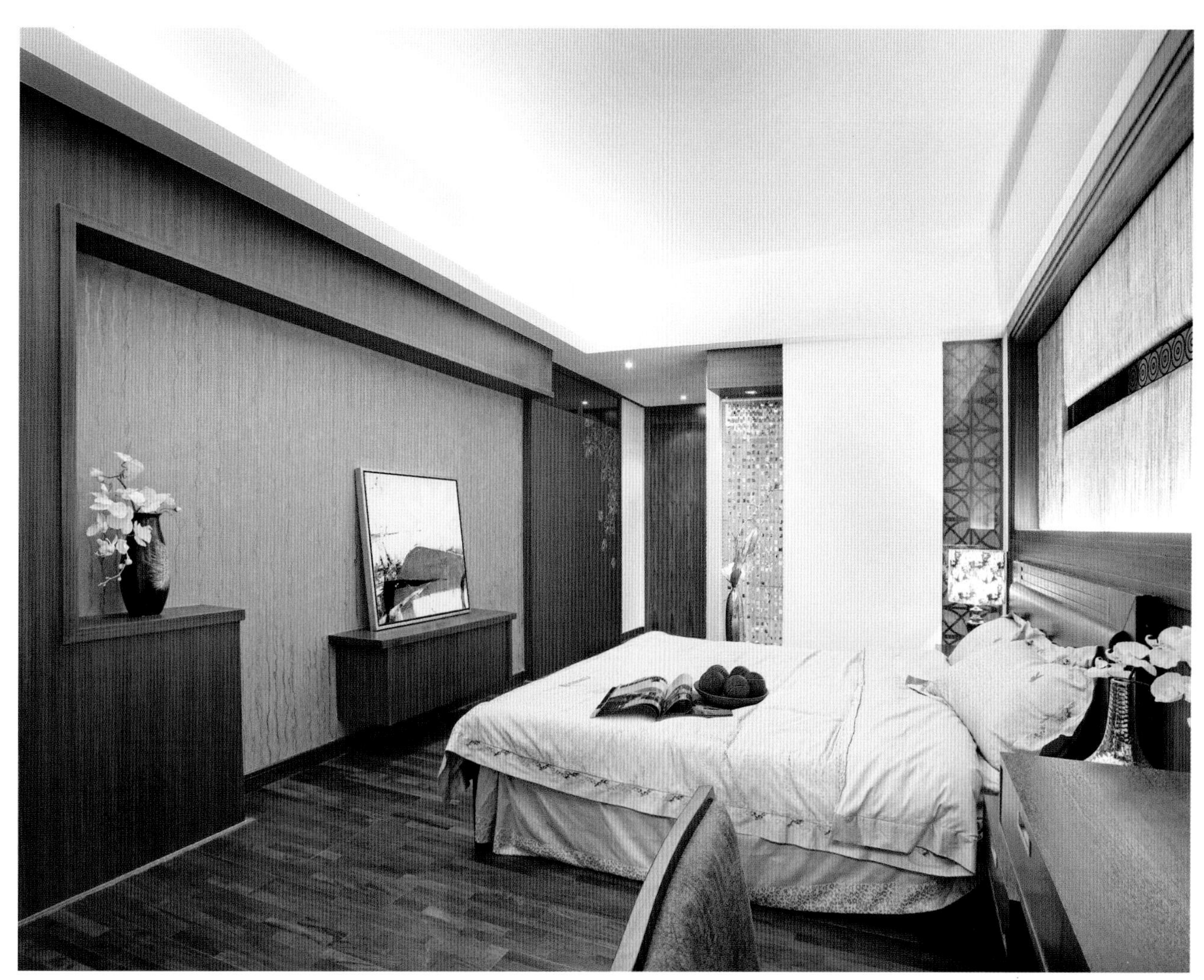

东方风情

ORIENTAL STYLE SHOWFLATS

设计师：连君曼 / 设计单位：云想衣裳室内设计工作室 / 项目地点：福州 / 建筑面积：120 平方米 / 主要材料：乳胶漆、水曲柳、马赛克、玻璃、仿古砖、竹、金钢板、青砖

设计师采用暖色调，让整个空间都烘托出温暖与祥和。本案设计师运用中式的手法，把传统的中式风格运用得非常娴熟，同时加入其他的风格，而不再让中式的风格单调。餐厅的墙面雕上了油画，显得更加突出，在用餐的时候还可以感受到艺术的气息。卧室宽敞明亮，墙面采用木质的格子，仿佛让人感到时间不再是那么的漫长。

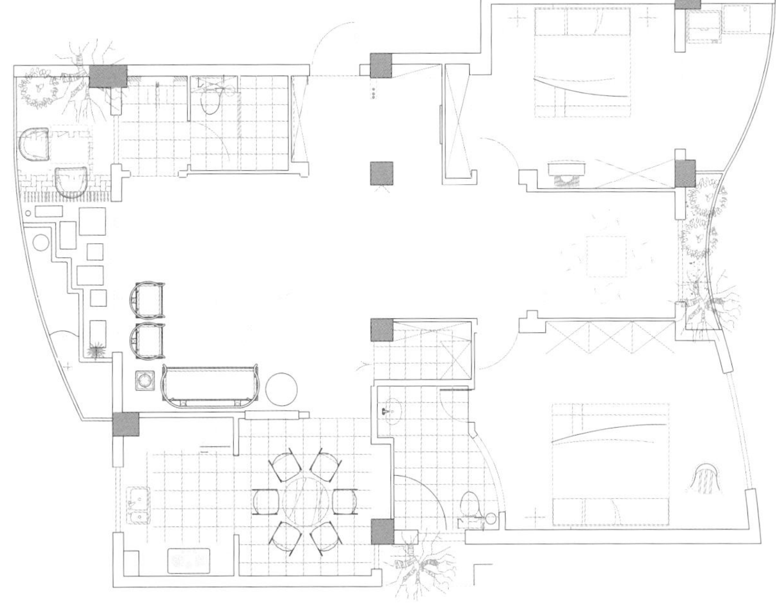

东方风情
ORIENTAL STYLE SHOWFLATS

设计公司：戴勇室内设计师事务所 / 设计师：戴勇 / 项目地点：济南市市中区英雄山路 / 建筑面积：115 平方米 / 主要材料：水晶白大理石、药水砂清镜、墙纸、皮革、白橡木

空间的自由就像是可以四处流动的水，虽然没有固定的形状，却能适合各种形状的需求。在此案中，空气可以穿透心扉，照射到室内的每一个角落，如此纯净、清明，即使是旧日的符号信息也只是在传达不会被遗忘的经典，独特视角打造出的是新生命的可爱，是将传统以现代表情展现的魅力。此时此间，每种丰富的设计语言都得到畅快淋漓的纾解，静默了每颗躁动的心灵。

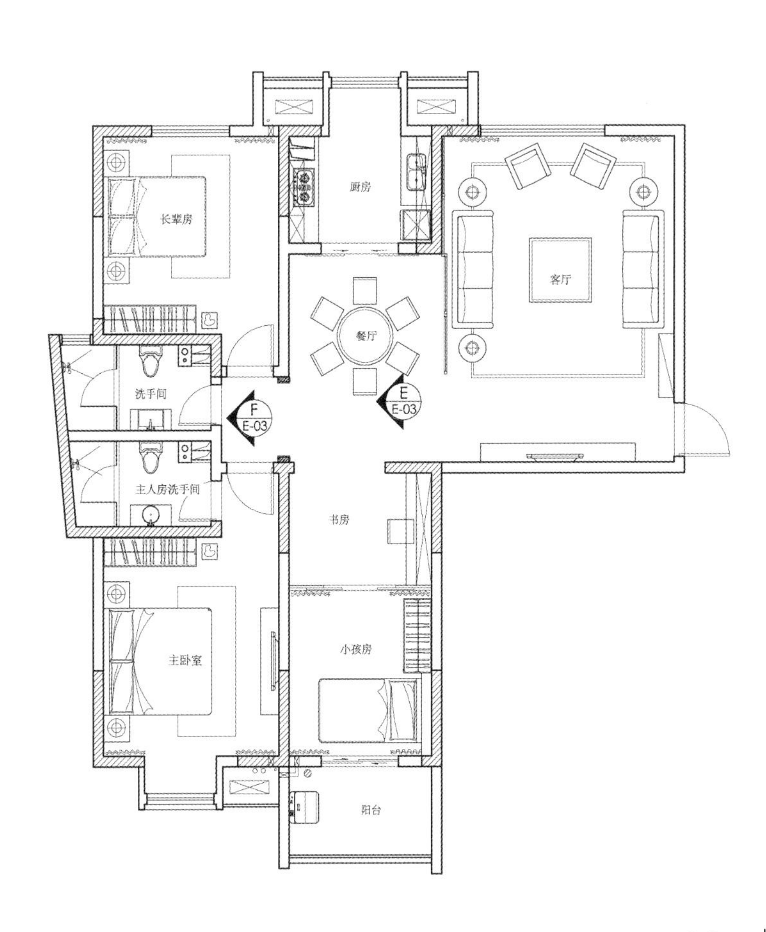
厨房
长辈房
客厅
餐厅
洗手间
F
E-03
E
E-03
主人房洗手间
书房
主卧室
小孩房
阳台

赋予空间最明亮的视觉，立面规划简素爽，通过艺术形态饱满的壁画、挂饰充盈墙体的空虚，尤其是客厅电视背景墙的整幅画作，根据现有条件实地布景，有很生动的感染力。遥取传统造型设计，客、餐厅被不同造型的中式屏风隔断，透过精工细作的屏风格棱，让两个空间打开彼此的拘束，活动由一空间延续到另一空间，没有勉强也没有刻意。伴随自由的气息，中式语言新装呈现，椅子、茶几、几边柜简约的线条都依稀可见东方经典韵味，但融合于时尚材质的创意打造，神似而形异。

体验空间情感，享受每个细节都透出的新鲜感。从餐厅一眼望去，一间开放的书房，依墙延伸出隔板，巧妙地扩大了空间的使用率，相隔的推拉门后，床与衣柜构筑了一个简美舒软的卧室，衣柜更是利用镜面突破了空间的局促感。走到另外两间卧室，除了从装饰物的不同形态上来区分这是两个不同的空间外，带来的清新感觉有异曲同工之妙。

从客厅到卧室，姿态多变的布艺饰面，通过灵巧的刺绣工艺传达了主人对生活的细致追求，叶儿衬托着娇花艳丽绽放，蝴蝶、小鸟于枝头静静休憩，一幅幅生态的自然画面，在光线洒落时更觉唯美。

美的空间，让生活更加美好，也让心灵自由呼吸。

东方风情
ORIENTAL STYLE SHOWFLATS

金华街隐哲样品屋

设计公司：动象国际室内装修有限公司 / 设计师：谭精忠 / 参与设计：刘文义 陈茗芳 / 建筑面积：349.8平方米 / 主要建材：橡木皮，黑色橡木地板，喷漆，壁布、铁件，灰镜，茶镜，烤漆玻璃，黑檀木石，茉莉白石材，石英砖 / 项目地点：台北市金华街

样品屋因销售空间与建筑坐向的限制，有别于一般从入口大门进入的动线，却也因此增加了空间延续的趣味感。时下提倡的“简单生活，丰富内涵”与本案的设计概念相同，现代东方的风格定位更深刻融合区域环境。经由入口到达样品屋空间，以餐厅为中心，透过镜子与玻璃等穿透性材质，让空间向前后左右延伸发展，具视觉穿透感，也更具张力，既是延续的放大空间，也具备独立使用的空间功能。

一、玄关区

造型利落、视觉穿透的屏风造型，不但界定了空间，也将视线延伸至客厅。天花板与鞋柜的造型转折，也让玄关区的天花造型与起居室一气呵成，关起白色拉门，天花造型随之转折，形成一大型白色斗框的连贯造型，使空间更有变化性。

Richard Meier Architect

Richard Meier Architect
Richard Meier

二、客厅

穿透屏风上隐约可见的草书字体，与同样是书法字概念的地毯图样，表现出现代东方的低调内敛，几何造型的酒红色电视柜，不但拥有旋转TV的功能性，更能展示空间使用者的珍贵收藏。天花明镜的运用，淡化了建筑原有梁位的压迫感，同时串连了客、餐厅两区的天花造型。客厅旁的和室，或泡茶聊天或悠哉观景，营造出另一种轻松自在的空间氛围。

三、餐厅

几何方块组成的TV柜界定出餐厅空间，也赋予餐厅视听娱乐的功能性，更藉由旋转造型的茶镜，反射出餐厅桌面的穿透与丰富感。墙面展示的真迹画作，突显屋主人的生活品味与艺术涵养。

东方风情
ORIENTAL STYLE SHOWFLATS

汕头金色家园复式样板房

设计单位：汕头市丽景装饰设计有限公司 / 设计师：李伟光 / 建筑面积：258平方米 / 主要材料：灰镜、实木雕花、榆木家具、微晶白石板

本案位于市区繁华路段的复式单元，在总体上以现代空间的构成手法组织室内空间，在细节上用经过提炼概括的传统中式符号为依托，塑造一个现代简约的中式空间。将一层比邻厨房的房间改为餐厅，原来餐厅的位置变为一个休闲区，之间的隔断似透非透，视觉的延伸使空间不再有局促感，并平添了几分灵动和趣味性，同时也丰富了空间的层次，布艺沙发与明式官帽椅组合展现出时尚的新古典风格，再加上沙发背景上几尊兵马俑，墙上毛泽东豪放的诗句及手笔更为空间平添了浓厚的文化底蕴。二层的格局变化不大，将其中一个套间改为公卫，书房独立出来并往露台移出去，再采用大面积的玻璃，将室外的阳光及绿意延伸至室内。

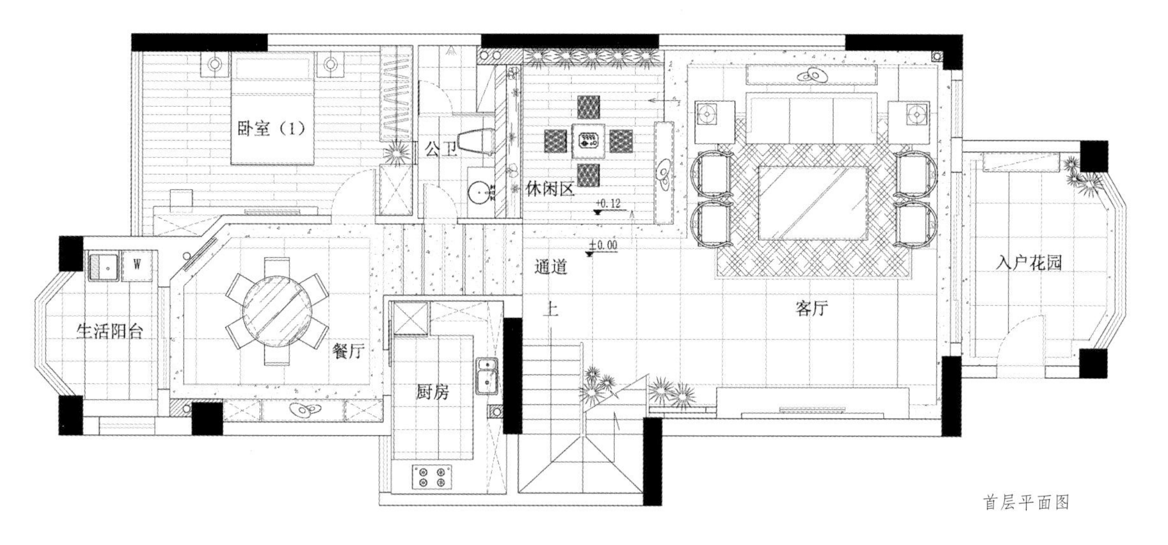
卧室（1）
公卫
休闲区
+0.12
±0.00
通道
客厅
入户花园
生活阳台
餐厅
厨房
上

首层平面图

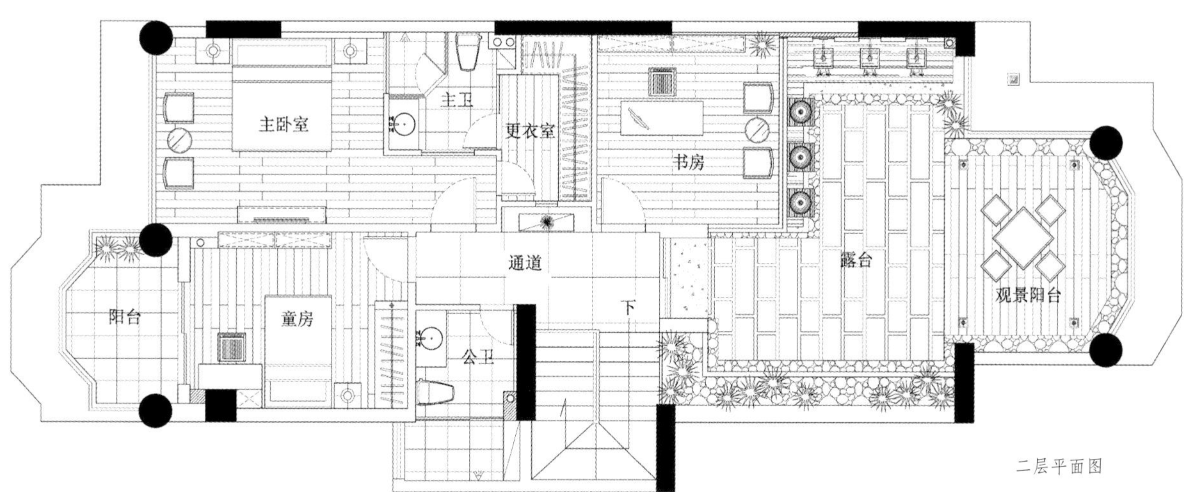
主卧室
主卫
更衣室
书房
通道
露台
观景阳台
阳台
童房
公卫
下

二层平面图

设计公司：岩舍国际设计事务所 / 设计师：林济民 / 项目地点：台湾桃园 / 建筑面积：446平方米 / 主要材料：金禾米黄大理石、樱桃红大理石、耳边红大理石、深金峰大理石、北美胡桃木、花梨木、柚木地板、定制家具

整体空间呈现的是“新古典中式风”，跳脱传统印象里古典中式风格的沉重色彩，取而代之的是明亮的色系与新古典的语汇，营造明快而利落的空间氛围。

玄关厅地面采用樱桃红为主体的水刀切割拼花，搭配全面的金禾米黄大理石地坪，端景墙面以耳边红大理石带出空间在沉静优雅中不凡的气质。

穿过玄关，映入眼帘的即是全面以耳边红大理石装饰的客厅电视墙，延续了玄关端景墙的利落壮阔感，充分显现出磅礴大宅非凡的气势，另一侧的大片落地窗引入充足的自然光，并以满窗的蛇形布帘及纱帘强化空间的宽敞尺度，并利用窗前的造型屏风为空间增添古典色彩。客餐厅之间无区隔的空间手法，让宽阔大宅的气度更可展露无疑，八人份的长桌让豪宅主人可以在最舒适的社交空间里盛情地招待亲友。

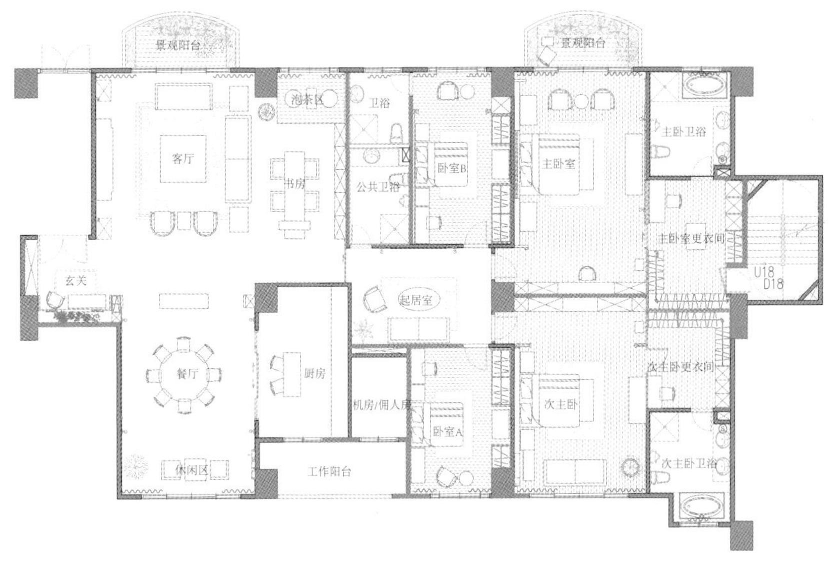

客厅一旁的书房，利用镶有隔栅造型的的花梨木拉门为区隔，可以全部关闭来享受私密的宁静时刻，或四周拉门全开启，无界限地与家人互动。

主卧室运用宽幅的床头壁板带出空间的壮阔感，简洁的造型搭配精致的金色饰板与提花布，在空间的两侧各有单椅及沙发，让主卧室兼具卸下压力的舒适度及典雅宁静的精致尊荣感。

卧室空间不仅只具备睡眠功能，充分利用每个空间的特性、提供收纳功能或亲友谈心的休憩区，可以让空间的弹性功能最大限度地发挥出来。

东方风情
ORIENTAL STYLE SHOWFLATS

肇庆鸿景锦园现代东南亚风情样板房

设计单位：广州方纬装饰有限公司 / 设计师：邹志雄 / 项目地点：肇庆市 / 建筑面积：118平方米 / 主要材料：墙纸、仿古砖、实木地板、马赛克

本案设计师选用田园风光的风格，营造一个接近大自然的居家环境，大厅的家具大多选用木质、藤制配上高雅的布艺，设计师在沙发后面的墙上加了粉红色的轻纱，在淡黄色灯光的烘托下尤为浪漫，背景墙中央放置一幅展示绿叶的油画，搭上郁金香图案的透明窗帘，让人仿佛置身于大自然当中，像是在花群中跳跃。餐厅一侧选用了镜面材质，镜里反射出远处的景象，就像大自然在无限地延伸、悄然地变化。

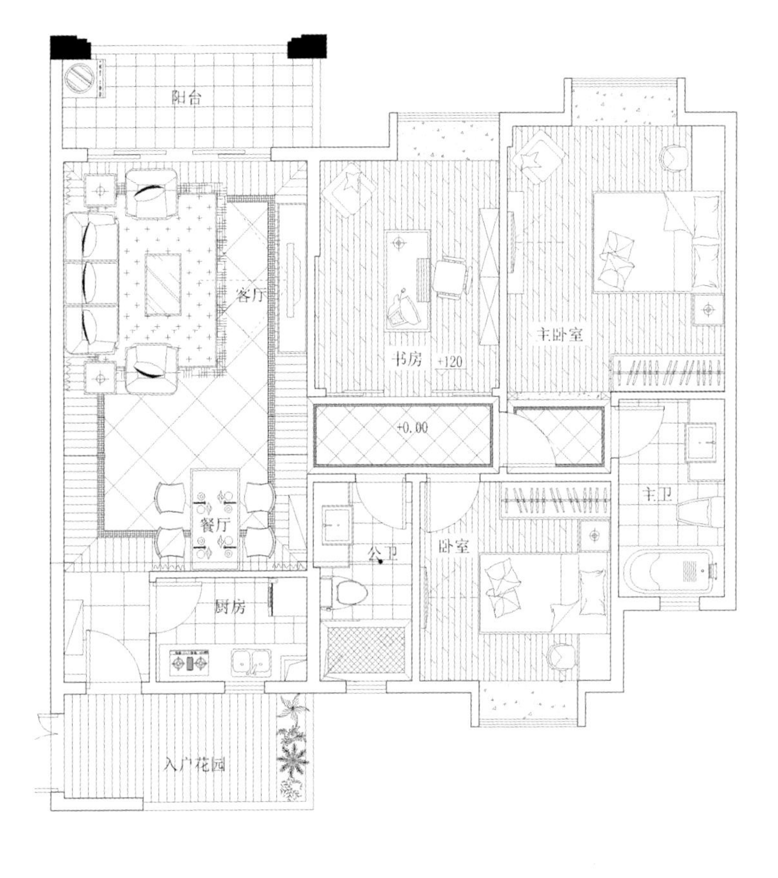
阳台
客厅
书房
+120
主卧室
+0.00
餐厅
公卫
卧室
主卫
厨房
入户花园

州市中锴金城花园样板房

设计师：蔡烈波　陈骏　/　项目名称：惠州市中锴金城花园样板房　/　建筑面积：312平方米　/　主要材料：柚木实木、抛光砖、木通花、石材、墙纸等

荷叶五寸荷花娇，贴波不碍画船摇；相到薰风四五月，也能遮却美人腰。

千百年来，无数骚人墨客为之心神相系，梦魂萦绕，于是或挥毫泼墨，或浅唱高歌……

至此，“荷”借着本身具有的幽雅融入居住空间的文化内涵与底蕴，把现代居住空间带入返朴归真的那份纯净与安宁，秉承大自然的玄奥和美妙，营造出写意与浪漫的生活氛围，同时寓意着生活的和谐与美满。

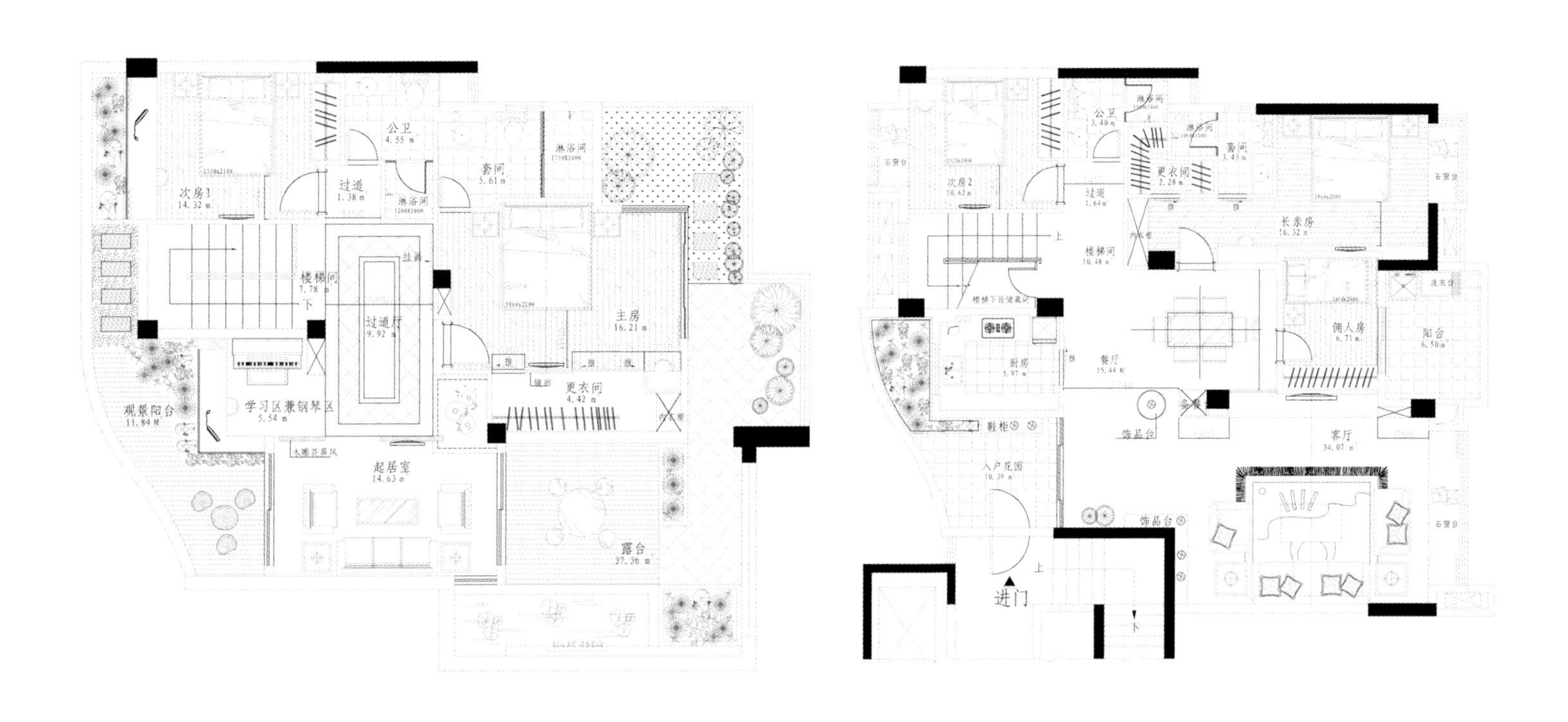
次房1
14.32 m
公卫
4.55 m
过道
1.38 m
淋浴间
套间
5.61 m
淋浴间
楼梯间
7.78 m
下
挂画
过道厅
9.92 m
主房
16.21 m
更衣间
4.42 m
学习区兼钢琴区
5.54 m
观景阳台
11.84 M
木雕花屏风
起居室
14.63 m
露台
37.36 m
次房2
10.62 m
公卫
3.40 m
淋浴间
更衣间
2.28 m
套间
3.43 m
过道
1.64 m
长亲房
16.32 m
楼梯间
10.48 m
上
楼梯下设储藏间
佣人房
6.71 m
阳台
6.50 m
洗衣台
厨房
5.97 m
餐厅
15.44 M
鞋柜
饰品台
客厅
34.07 m
入户花园
10.39 m
饰品台
进门
石窗台

Arletta
水滸傳
三國演義
紅樓夢
史記

风情巴厘岛

项目地点：上海 / 设计单位：萧氏设计 / 设计师：萧爱彬

置身于巴厘岛的万种风情、梦幻般的世外桃源，赤足一双脚踏在细白沙上的意境，正是这套作品的灵魂。居室里的每个功能空间都相互补充又相互独立，但又全都围绕着由“稻草”“白沙”“石桌椅”这些元素组成的空间展开。“室内沙滩”边的“小桥”是客厅通往餐厅的必经之路，这条“必经之路”的上方由木桩做出的斜顶假梁与墙上的质朴厅柜遥相呼应。进门处就能感受到异国风情的强烈视觉冲击，仿佛一下进入了海边沙滩的幻觉中。

线条流畅、造型独特的餐桌配上花格图案的餐椅，使整个空间的异国情调更加浓烈。餐厅灯饰硬朗且眩酷。在这样的对比、统一下，整个区域立马生动起来。半开放式厨房与餐厅采用玻璃与镜片的凹凸设计感加强了空间的通透与延续，透过“室内沙滩”起居室与书房映入眼帘。坐在沙发上，喝着饮料，聊着天，享受着海边的日光浴，一切都是那么的惬意与安静。从书房进入卧室，床周围淡淡的纱帘也在各自演奏着不同的乐章。一处演奏的是柔软的丝光窗帘代替传统的规矩衣柜；一处是半透明纱幔代替了玻璃、白墙的隔断方式，区分了卫生间与卧室，让整个空间多了一分舒适与暖意。使人在房间的每个角落都能感受到轻松与和谐。让人忘记时间，忘记工作，尽情陶醉在阳光、沙滩的包围中。

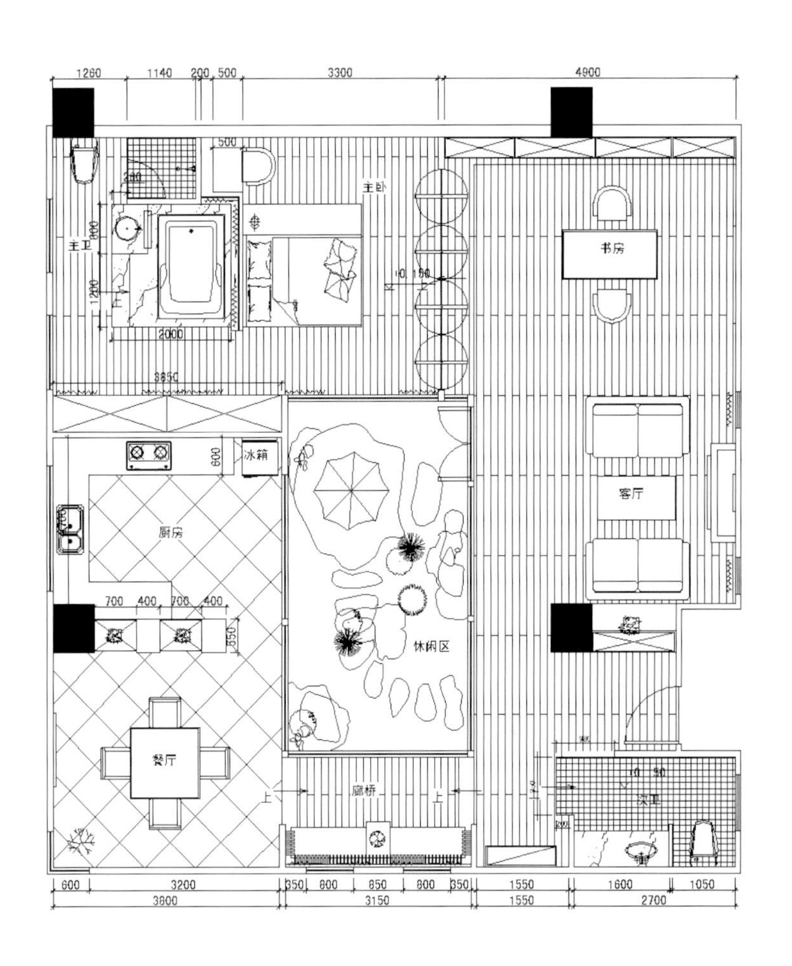

1260
1140
200
500
3300
4900
主卧
书房
主卫
2000
3850
冰箱
厨房
客厅
700
400
700
400
休闲区
餐厅
廊桥
600
3200
3800
850
3150
1550
1600
1050
2700

建筑面积：120平方米 / 项目地址：杭州 / 设计师：萧爱彬 / 设计单位：萧氏设计 / 软装设计：郭丽丽 / 拍摄：萧爱华 / 主要材料：柚木、大师乳胶漆、藤编沙发

一进门，强劲的清凉气息就迎面而来，随之吹来的也是最原味的东南亚气息，与墙饰面统一的原木色细纱配上生机勃勃的盆栽植物，显得整个空间特别的凉爽。

顺着视线和脚步的前行，右手边的绿色乳胶漆配合左手边的镜面设计，拓展了空间的通透感，更增添了几分春天到来的清新气息。沙发选用的是异国风情比较浓烈的藤制沙发配以干净洁白的白色软垫，茶几上的绿色水果盘更加强调了此空间的主题，藤制的装饰物与沙发本身的质地更是遥相呼应。

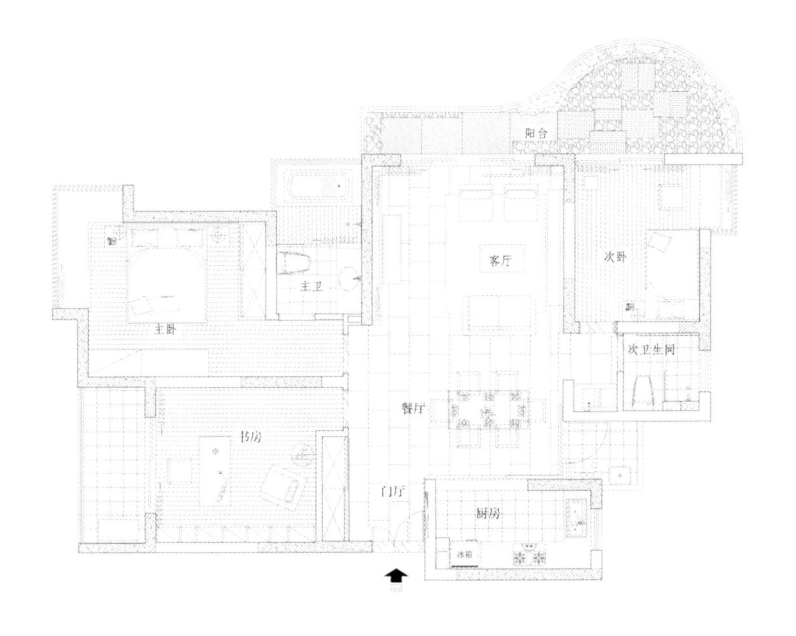

客房的面积并不大，但它的功能是不能忽视的。现场定做的一个类似日本踏踏米，实则有改变的地方，高度提高了，靠墙处全做了软包处理，这充分体现了人性化的功能需求，有朋友来时可以作为休闲、娱乐、品茶的放松之处，夜晚，可以铺上棉被，作为招待朋友住处的客房。靠墙的绿色乳胶漆，不相同却同色系。

主卧的设计相对来说就更稳重一些了，进入这个空间就有不想出门的冲动，床头背的设计迎合了此空间的主题，充分地诠释了异国情调和环保的概念，后背的花格设计稳重中透露出一丝时尚。

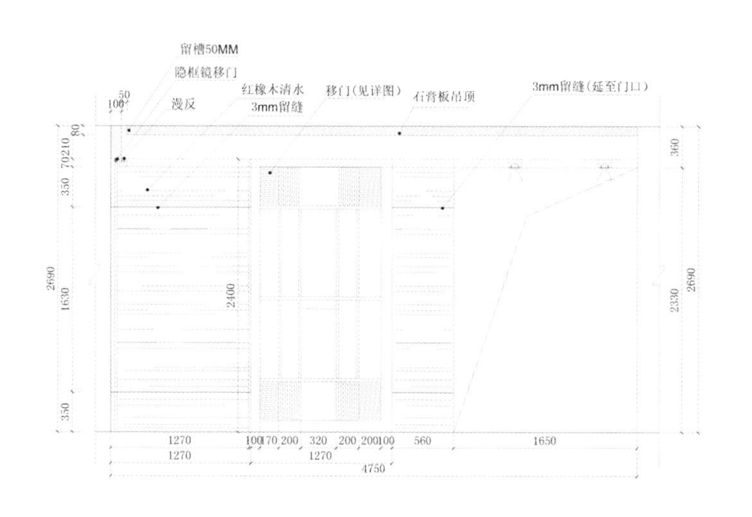

留槽50MM
隐框镜移门
漫反
红橡木清水
3mm留缝
移门(见详图)
石膏板吊顶
3mm留缝(延至门口)

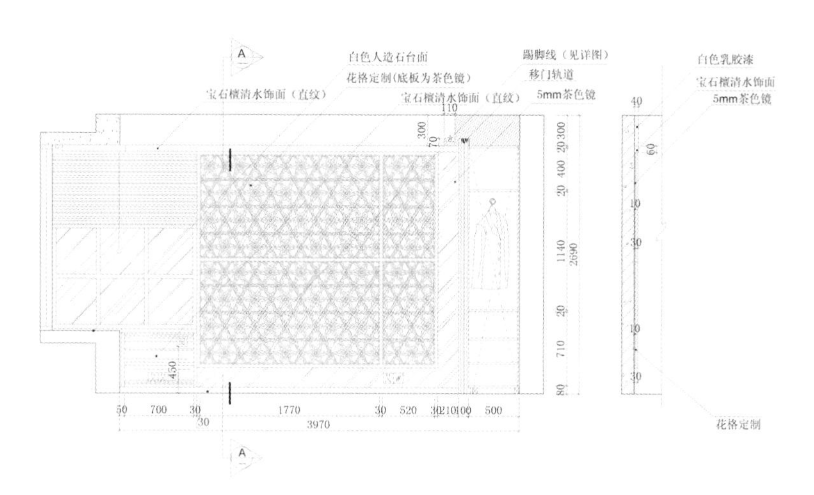

白色人造石台面
花格定制(底板为茶色镜)
宝石檀清水饰面（直纹）
宝石檀清水饰面（直纹）
踢脚线（见详图）
移门轨道
5mm茶色镜
白色乳胶漆
宝石檀清水饰面
5mm茶色镜
花格定制

艳丽视觉

设计师：萧爱彬 / 设计单位：萧氏设计 / 项目地点：山东济南 / 建筑面积：360平方米

色彩，它不是一个抽象的概念，它和室内每一物体的材料、质地紧密地联系在一起，人们常常有这个概念，在绿色的田野里，即使在很远的地方，也能很容易发现穿红色服装的人，虽然还不能辨别是男是女，是老是少，但也充分说明色彩具有强烈的信号，起到第一印象的观感作用。本案以艳丽视觉为名称，室内设计在视觉上拥有很大的效果。

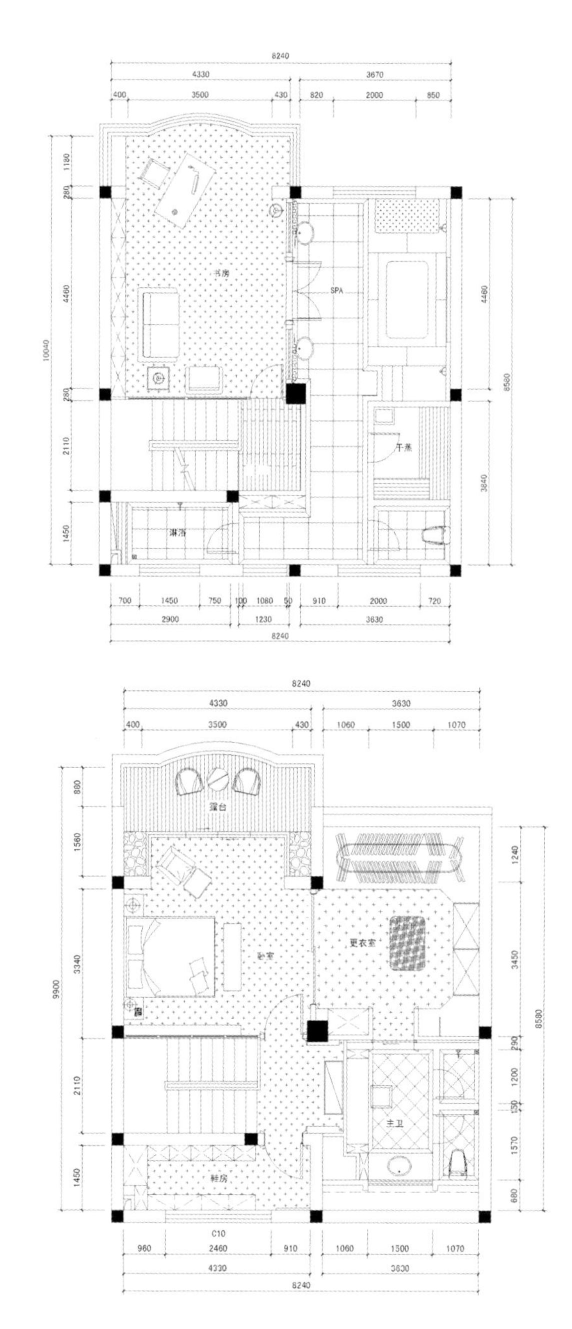
8240
4330
3670
400
3500
430
820
2000
850
1180
280
4460
280
2110
1450
10040
4460
8580
3840
书房
SPA
干蒸
淋浴
700
1450
750
100
1080
50
910
2000
720
2900
1230
3630
8240
8240
4330
3630
400
3500
430
1060
1500
1070
880
1560
3340
2110
1450
9900
1240
3450
290
1200
150
1570
680
8580
露台
卧室
更衣室
主卫
鞋房
C10
960
2460
910
1060
1500
1070
4330
3630
8240

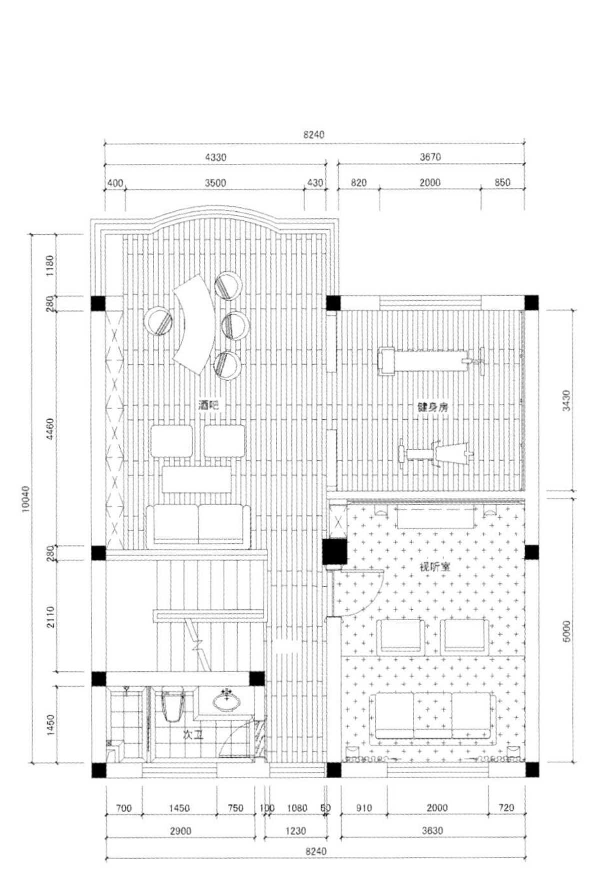
8240
4330
3670
400
3500
430
820
2000
850
1180
280
4460
10040
280
2110
1450
3430
6000
酒吧
健身房
视听室
次卫
700
1450
750
100
1080
60
910
2000
720
2900
1230
3630
8240

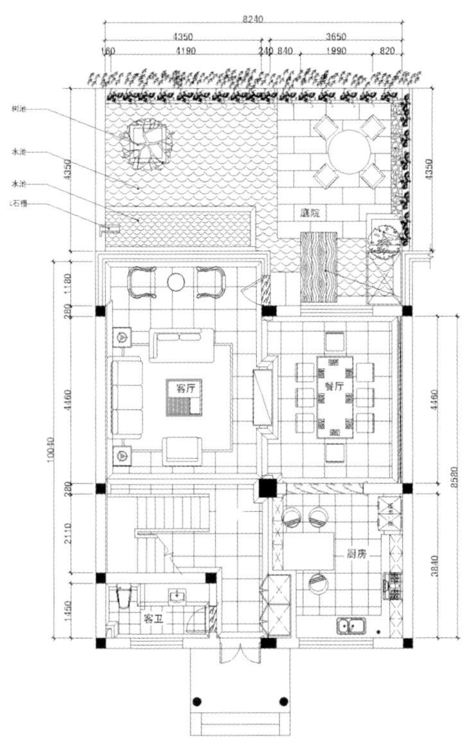
8240
4350
3650
160
4190
240
840
1990
820
树池
水池
水池
石槽
庭院
客厅
餐厅
厨房
客卫
1180
280
4460
10040
2110
1450
3840
8580

创意生活样板房

设计师：邓鑫 / 设计单位：B&D博睿大华（云南）工程设计有限公司 / 项目地点：云南昆明 / 建筑面积：158平方米

古朴、淡雅的色彩贯穿整个空间，米黄色的台灯在棱角分明的空间中散发出点点暖意，实木的地板和家具让家充满了沉稳和庄重。客厅背景墙上竹编的挂盘、阳台边的藤椅、实木桌上的芭蕉印痕以及落地灯架，随处可见的生活创意让空间顿生一股清新的田园气息，这气息似乎来自东南亚，却又带着时光划过的痕迹。沙发布艺上淡雅的花纹及地毯，充满了生活的温馨。略带古典韵味的吊灯灯罩及进门处的佛首，仿佛在向来客倾述那个远去时代的喧嚣，时光在这里停滞……徜徉其间，让人瞬间感悟品味的格度，领略生活的艺术，思绪顺着时光飘荡。

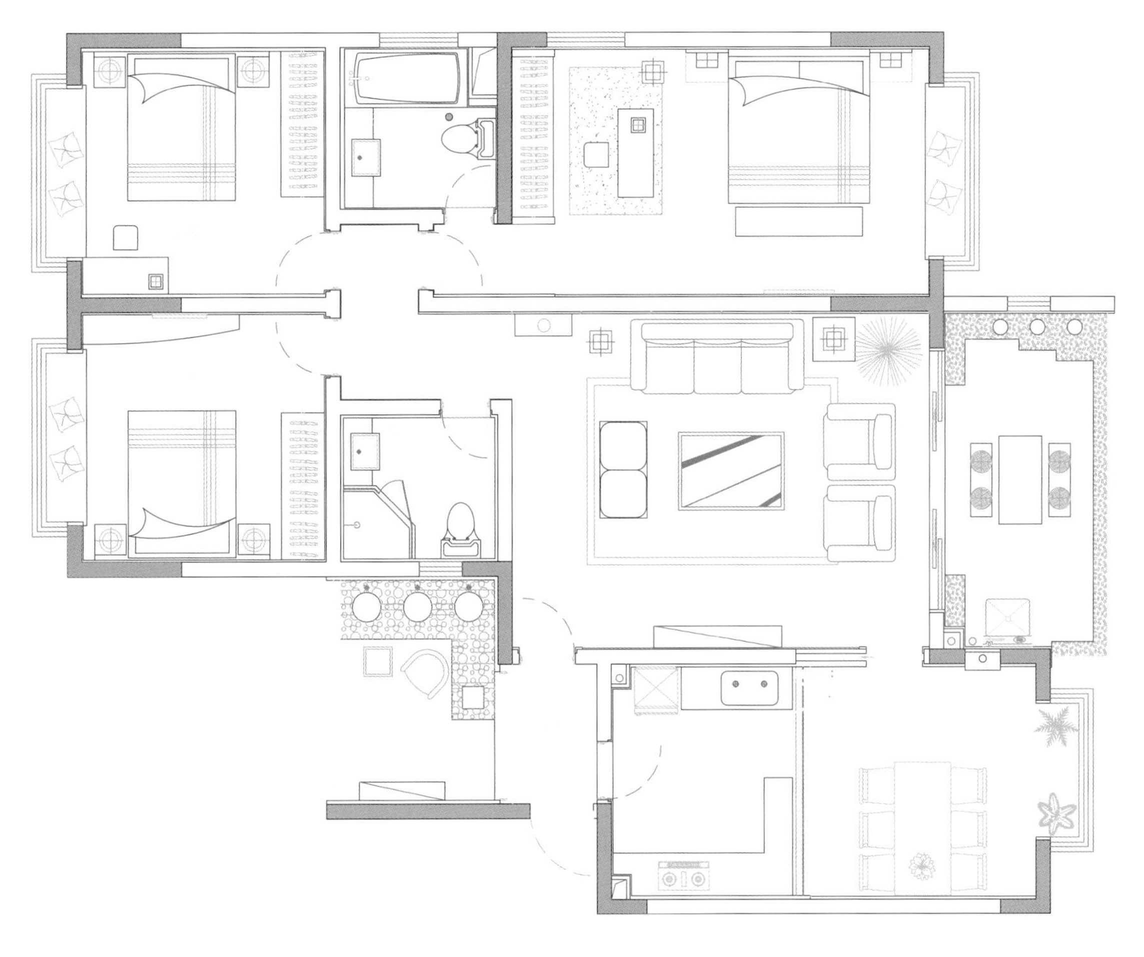

东方风情
ORIENTAL STYLE SHOWFLATS

北京融科橄榄城二期示范单位

设计师：秦岳明 / 设计单位：深圳市朗联设计顾问有限公司 / 项目地点：北京 / 建筑面积：133平方米 / 主要材料：木、望砖、琉璃、木地板、仿古砖、编织木、墙纸

本案属于现代中式设计，在设计上追求的是温馨舒适的感觉。设计师在对传统文化深刻理解的基础上，将现代元素和传统元素结合在一起，打造一个既有文化韵味，又温馨舒适的现代生活空间。本案陈设以中式为主，如木质家具、雕花窗格、国画、陶瓷等，将文化底蕴逐层展示出来，并巧妙地融入现代风格中，完全没有冲突之感。客厅的落地窗，把室外的景致引入室内，也使室内更加宽敞明亮。玄关的佛头与客厅的雕塑，使整个空间灵动活泼起来。

在这个充满东方韵味的空间里，时间放慢了脚步，唤起人们对岁月光阴的回忆。居所之内，觥筹交错之中，蕴含着不可言喻的东方气息，散发着华夏人文的芬芳。

东方风情
ORIENTAL STYLE SHOWFLATS

吹着中国风的东南亚风情

设计公司：黄志达设计顾问（香港）有限公司 / 项目地点：广东东莞南城区御花苑 /
建筑面积：234平方米

本案是一个三层复式豪宅，面积234平方米，每一层都有阳台，顶层更有宽阔的大露台。其主人社交广泛，个性豪放，游历丰富，对中国传统文化欣赏有加，非常注重享受生活。

在充满东南亚风情的居所中，透着一股沉醉浓烈的中国风，体现出幽雅磅礴的气势。打开房门，首先映入眼帘是一道方与圆结合的古朴屏风。透过中空的圆孔，即可窥见主人在客厅里与朋友们高谈阔论，那边厢，佣人在厨房忙碌着，女主人也正在帮手准备着丰盛的晚宴。孩子与伙伴们在二楼上玩耍，女主人喊了一声，孩子们嘻嘻哈哈地下楼来，一屋人其乐融融。

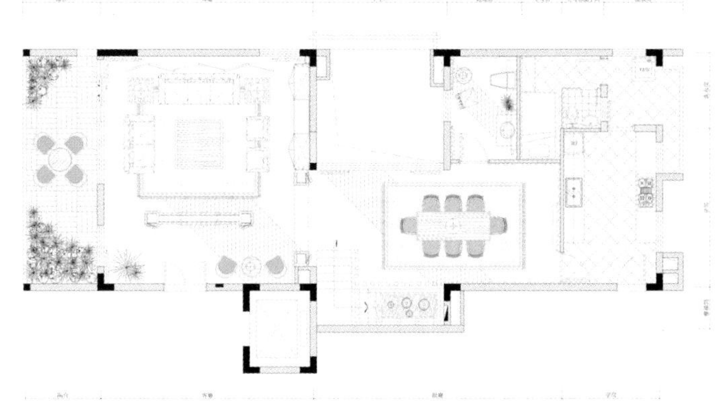

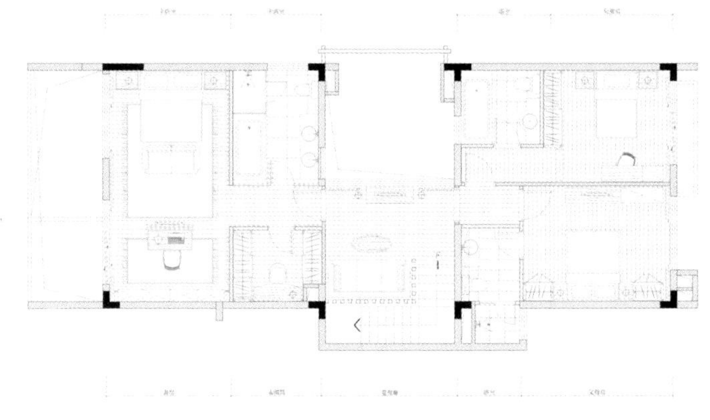

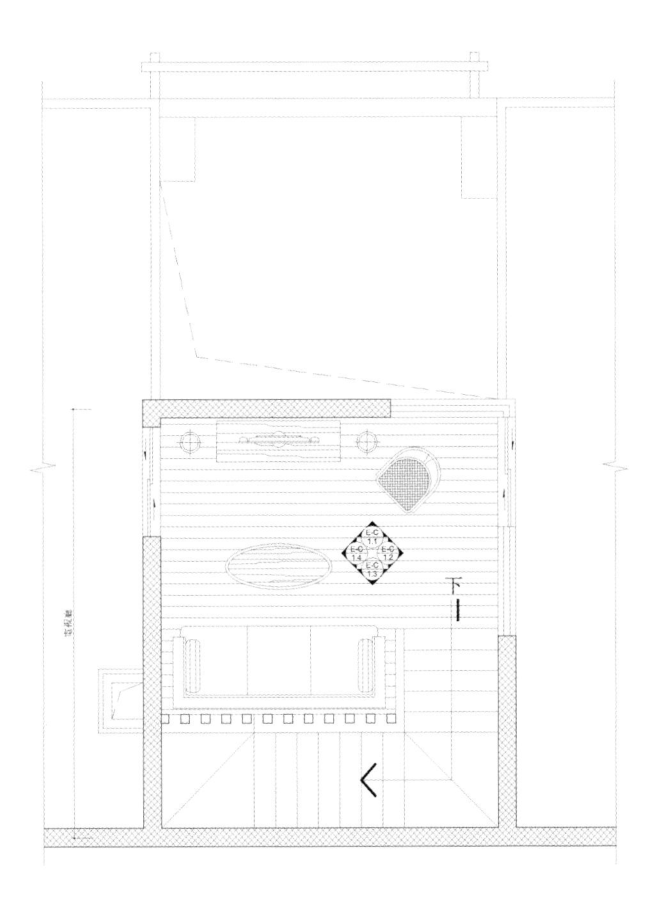

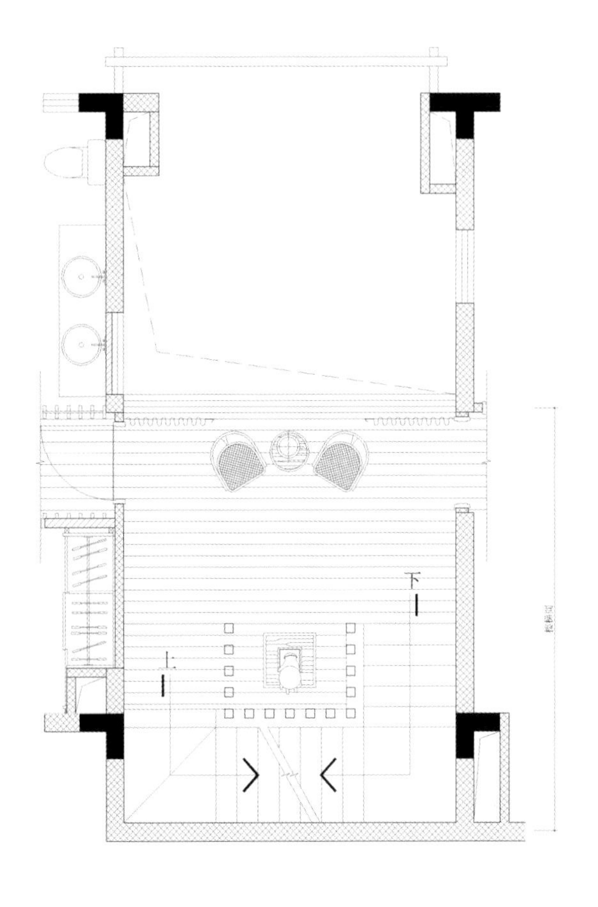

东方风情
ORIENTAL STYLE SHOWFLATS

唐风余韵

设计师：刘卫军 / 建筑面积：150平方米 / 主要材料：芝麻黑火烧板、黑金砂大理石、仿古云石、紫檀木地板、樱桃木饰面、透光仿大理石珍珠片、墙纸、金色肌理墙漆

清风拂过，青竹微微而动；圆墩而围，煮茶论英雄；木雕窗花下面的浮莲，已把我们的思绪领入歌舞升平的大唐盛世之中的一栖净土。跨步而进，宫灯辉映之下的蝴蝶兰，静默中释放着文人雅仕的风花余韵，陶俑马的出土还残留着那份挥而不去的风韵；唐朝大文豪李白笔下的《将进酒》在尊庄的客厅拉开了唐韵悠然之意。贵妃的婀娜多姿、风情万种的余温还游离在床榻间。蓝色的垂幔散落在床际，一种奢华雅致在荡漾着，开始着缠绵间的愉悦。透过珠帘，一股股淡淡的幽香弥漫着，一层薄薄的雾气袅袅而升，朦胧中隐听水滴在轻轻地滑落而下……内敛的奢华，以一个令人骄傲的年代，重现太平盛世的现代中心区生活的繁华与文明气象。

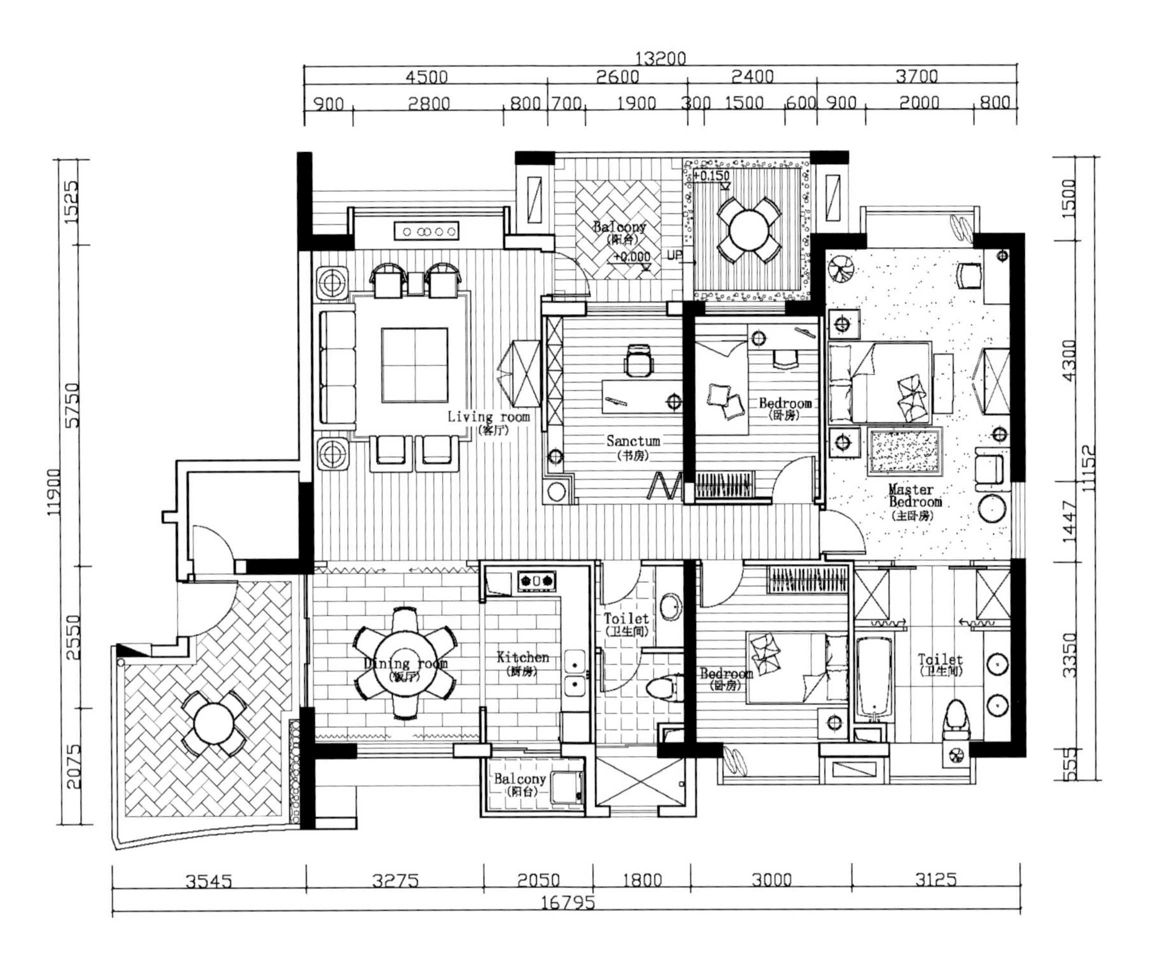
13200
4500
2600
2400
3700
900
2800
800
700
1900
300
1500
600
900
2000
800
1525
5750
11900
2550
2075
1500
4300
11152
1447
3350
555
+0.150
Balcony
(阳台)
+0.000
UP
Living room
(客厅)
Sanctum
(书房)
Bedroom
(卧房)
Master
Bedroom
(主卧房)
Toilet
(卫生间)
Dining room
(餐厅)
Kitchen
(厨房)
Bedroom
(卧房)
Toilet
(卫生间)
Balcony
(阳台)
3545
3275
2050
1800
3000
3125
16795

心系瓷缘

设计师：林元娜、孙长健 / 设计单位：简艺东方设计机构 / 项目地点：福州融汇山水独栋别墅 / 摄影：吴永长 / 建筑面积：245平方米 / 主要材料：仿古地砖、艺术石砖、红樱桃面板、乳胶漆、墙纸等

本案业主希望能够将中国文化的稳重含蓄，与西式的舒适浪漫与优雅相结合，因此我们将总体格调定在中式的格调中，通过软装饰与色彩的运用，让西式的浪漫、优雅与中式的稳重含蓄结合在一起，最终在中西风格的混搭中寻找新的闪光点，最值得一提的是在三楼主卧室的处理上，我们利用了原有的坡形屋顶，在4.35米的最高处增设了一个更衣间的空间，这样的改变有效地解决了主卧室功能分布的合理性，又同时不占用主卧室原有的平面空间，让主卧室保持整体开阔与保证充足阳光的同时又不失实用性，让整个空间的利用率得到最大限度的利用。

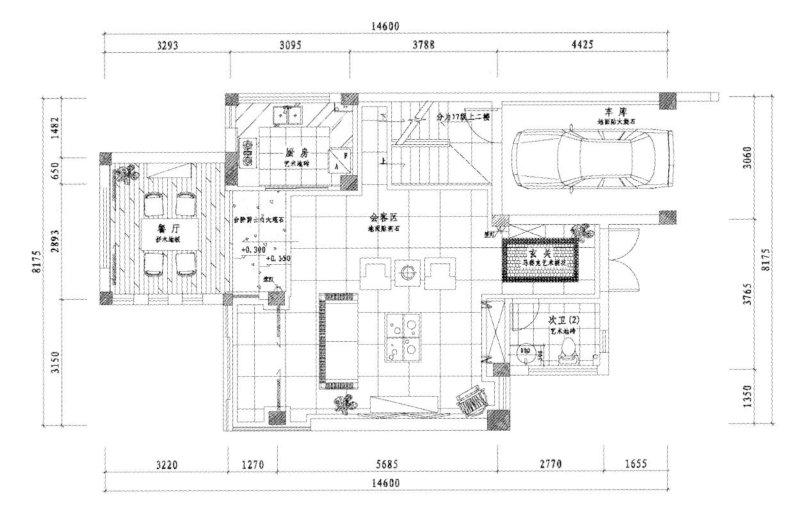
14600
3293
3095
3788
4425
车库
分为17级上二楼
厨房
艺术地砖
餐厅
会客区
玄关
次卫(2)
艺术地砖
+0.300
+0.150
1482
650
2893
3150
8175
3060
3765
1350
3220
1270
5685
2770
1655

东方风情
ORIENTAL STYLE SHOWFLATS

新都汇样板房

设计单位：U80空间 / 设计师：刘威 / 建筑面积：112.7平方米 / 项目地点：武汉

这个案例表现的是中国的传统文化，进入其中，就会被一种悠远的气质吸引：沉静、温婉。像是江南的小家碧玉，看上去轻轻柔柔的，却能在人心上留下痕迹，过目难忘。这就是中式传统文化给人的印象。

在这个案例中，红木的家具以其优雅的姿态展现，清荷壁画更是为空间增添了这样一种意境：悠远宁静。餐厅里墙面的特殊处理让地面和天花融合在一起，另外的墙却保留原来的白色，既区分了空间，而连在一起的绿色又提高了人的食欲。室内的其他装饰也是尽其优雅和别致，将中式传统建筑的悠远已经体现无疑。绿色的运用又增加了空间的意味和情调，让人感受到空间的跳跃和灵动。

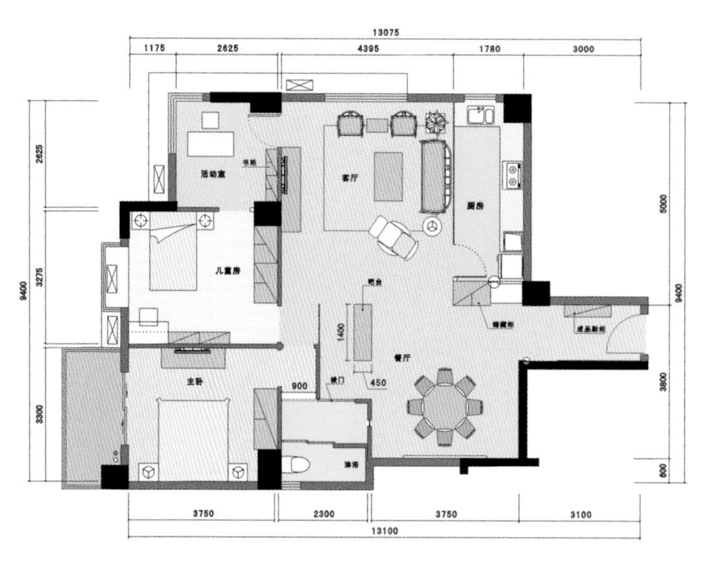

13075
1175
2625
4395
1780
3000
书柜
活动室
客厅
厨房
儿童房
吧台
1400
储藏柜
成品鞋柜
餐厅
主卧
900
450
淋浴
2625
3275
3300
9400
5000
9400
3800
600
3750
2300
3750
3100
13100

东方风情
ORIENTAL STYLE SHOWFLATS

广丰新东街样板房

设计师：童武民、李信伟 / 设计单位：江西联动建筑装饰设计工程有限公司 / 项目地点：江西省上饶市 / 建筑面积：130平方米 / 主要材料：墙面黄洞石、进口金属丝墙纸、卫生间黑木纹大理石、金牌橱柜、华典家具等 / 摄影：邓金泉

本案无论是室内家具的风格，还是整个内部装饰，中式传统文化的内涵都被诠释得淋漓尽致，完美地展示了中式文化的美感与历史的沉淀。总体布局对称均衡，端正稳健，而在装饰细节上精雕细琢，富于变化，充分体现出中国传统美学精神。

整体风格上设计师把握了大气和稳重的家居氛围，大量使用实木，奠定了中式基调，柔和的质地、淡淡的木香和细腻的纹理，让家中充满了书香门第的雅致与韵味。而座椅、屏风、茶几、书桌、画案这些中式风格元素的融入，彰显出一种内敛而高贵的风范。优雅的青花瓷恰到好处地点缀了家中的各个角落，营造出浓厚、儒雅的中式文化氛围，为生活增添了一丝淡雅的怀旧感，以及一种说不出道不明的灵性生活味道。

MORAND
MORAND
MORAND
MORAND
MORAND

MORAND
MORAND
MORAND
MORAND
MORAND

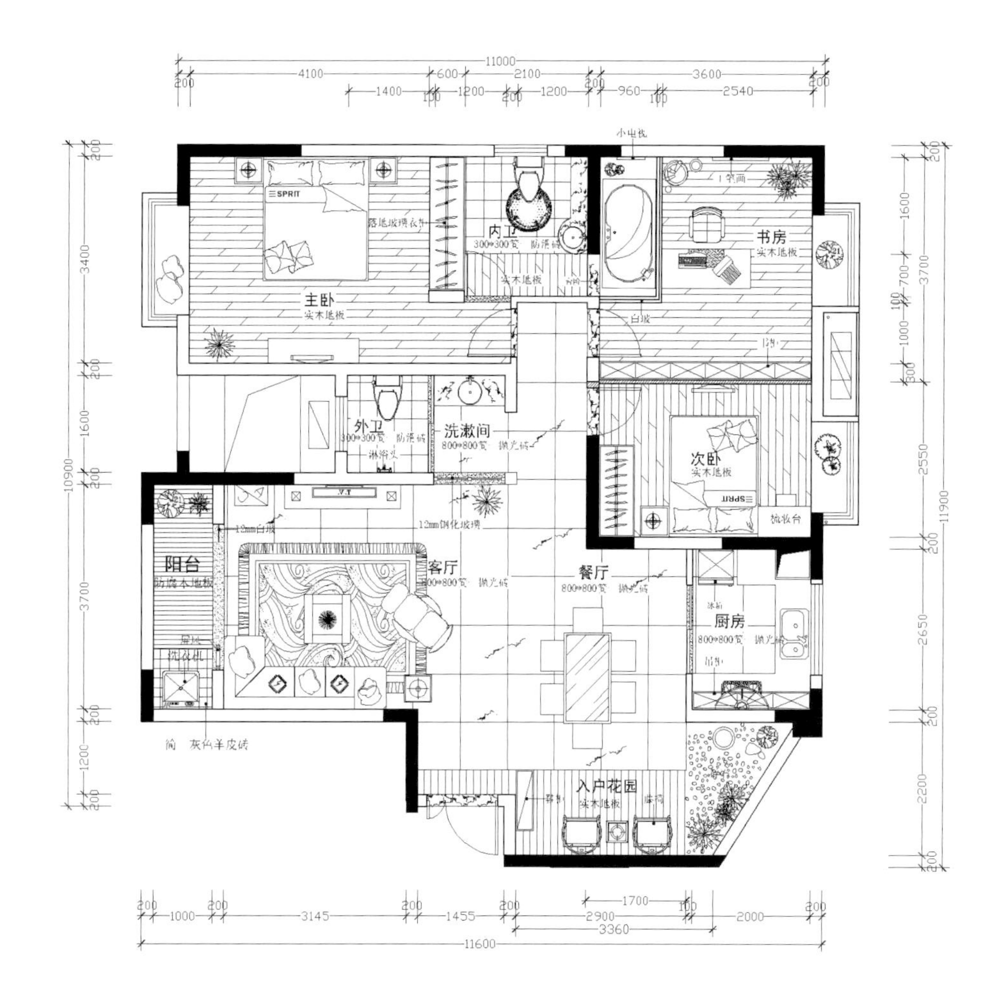
主卧
实木地板
内卫
书房
实木地板
外卫
洗漱间
次卧
实木地板
阳台
客厅
餐厅
厨房
入户花园
实木地板

东方风情
ORIENTAL STYLE SHOWFLATS

广丰新东街样板房（G3户型）

设计师：童武民、李信伟 / 设计单位：江西联动建筑装饰设计工程有限公司 / 项目地点： 江西省上饶市 / 建筑面积： 178平方米 / 主要材料：进口金属丝墙纸、卫生间热带雨林啡网、爵士白大理石、金牌橱柜、华典家具、雷士照明等 / 摄影： 邓金泉

这是一套复式的东南亚家居，一楼是家人的主要活动区域，厨房、餐厅，还有一个面积很大的阳台；二楼则是主人的书房、主卧、小孩房，设计师还利用主卫旁的空间设计了一个更衣室，以方便主人的生活。

设计师充分遵循原生态的自然概念，缔造了一个悠然质朴的居住空间，采用纯天然的材质，散发着浓浓的自然气息。色泽以原木的色调为主，主要采用了褐色等深色系，在视觉上呈现出泥土的质朴，东南亚的风情与韵味跃然于眼前。设计师大面积使用木材，例如桌椅、柜子、屏风、窗棂和地板，原木的使用带来自然平和的心绪。客厅等处放置着高大的阔叶盆栽，也是对自然理念的一种表达。不同的功能区之间安排了木质窗棂做隔断，不仅渲染出一种东方独特的古韵美，同时在视觉上也造成“似透非透”的效果。

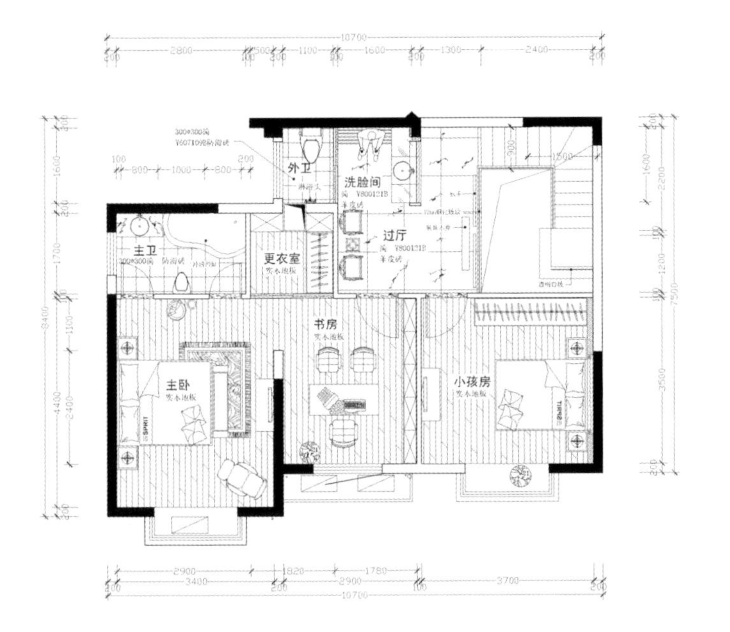

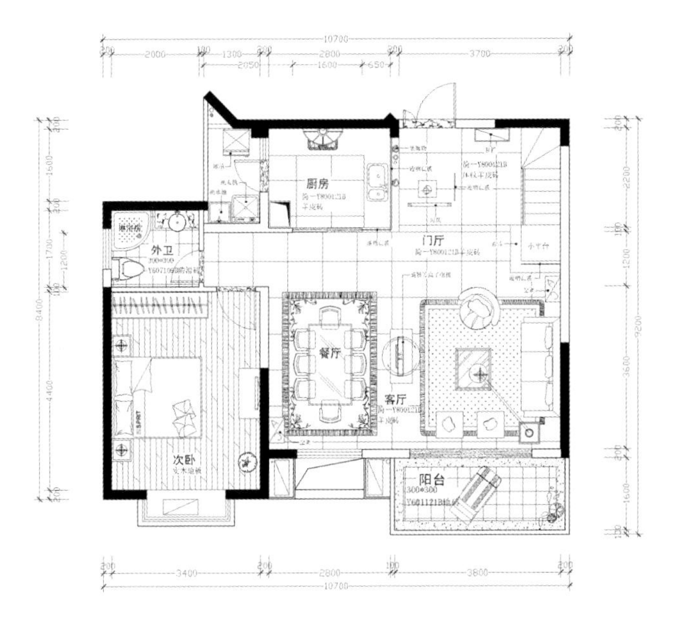

设计师崇尚自然、原汁、原味的设计理念，通过不同材料和色彩的搭配，让人感受到浓浓的异域情怀。当袅袅青烟从斑驳的青铜香炉里升起时，东方特有的神秘情韵就弥漫在空间里。

东方风情
ORIENTAL STYLE SHOWFLATS

东莞江南第一城创意板房——新东方

项目地址：广东省东莞市南城区 / 建筑面积：230平方米 / 主要材料：麻质、原木 / 设计单位：万象整合装饰艺术设计有限公司

在整个楼盘中式风格的定位下，在设计之初，设计主题就决定用现代的中式与东南亚风情相结合的设计手笔。整个案例的设计，既有中式风格的平和含蓄，又有东南亚风格的舒张和激情。对一个别墅来说，中式的大气、稳重正可以表现品位与贵气，而东南亚的小资情调却仿佛给整个案例披上一件紫色的纱幔，既可享受视觉的锦绣多彩，又能体现生活的妙曼。

设计师一直在积极寻找现代中式和东南亚异域风情的契合点，希望能区别于一般别墅那种富丽堂皇的恢弘大气，想给别墅建立一种自然气息洋溢、舒适安定的居住状态，更加适合人的居住。

以中式为重心的东方新古典，往往透着一股隽永通透的禅味，除了大量使用大自然元素，还在设计中融进“天圆地方”、“天人合一”的审美理念，整体空间呈现一种朴素、宁静、灵秀却不失厚实的气质。整个案例使用了接近大地颜色的米黄色作为背景色大量运用于墙面、窗帘以及地板，制造清新明亮的效果。而家具则多以厚重的褐色、棕色为主，一明一暗带来视觉上的层次感，整体的色彩效果既不失古典的稳重，又有现代的敞亮。

别墅的首层整个配色取向以紫色、紫红、米金与米色为主调，既带出中式风格的稳重、阔气，也突现了东南亚的清新与明亮。以米色、米金为主色调的客厅中，没有复杂的装饰线条，较为现代。其中搭配了原木、藤艺、东南亚彩绘与木雕等风格的元素，再配上深色系的布艺，营造出浓厚的东南亚风情。而在细节方面，如茶几的茶具、边柜的选择，则带有明显的中国特色。

针对休憩空间的特性，二楼的设计更为私人化，以暖色调为主，大量使用配饰，营造出温暖的氛围。轻倚窗前的贵妃榻，让人的心不由自主地安静下来，成为主人沉淀身心、舒缓压力的自在天地。布艺方面则明显与首层客厅感觉不同，包括主人房的床品与地毯，无不流淌着鲜活斑斓的色调，图案以大块的植物花卉为主，与单色调的墙面和主家具形成互补。除此以外，实用的小家品也是设计表现软装饰手法的绝好载体，卧室转角处的文房四宝、散落在各个案几上的小台灯、原藤编织球、大象木雕、麦秸等，无不透露出设计者的细腻心思，以及对整个空间通过细节进行宏观把握的技巧。

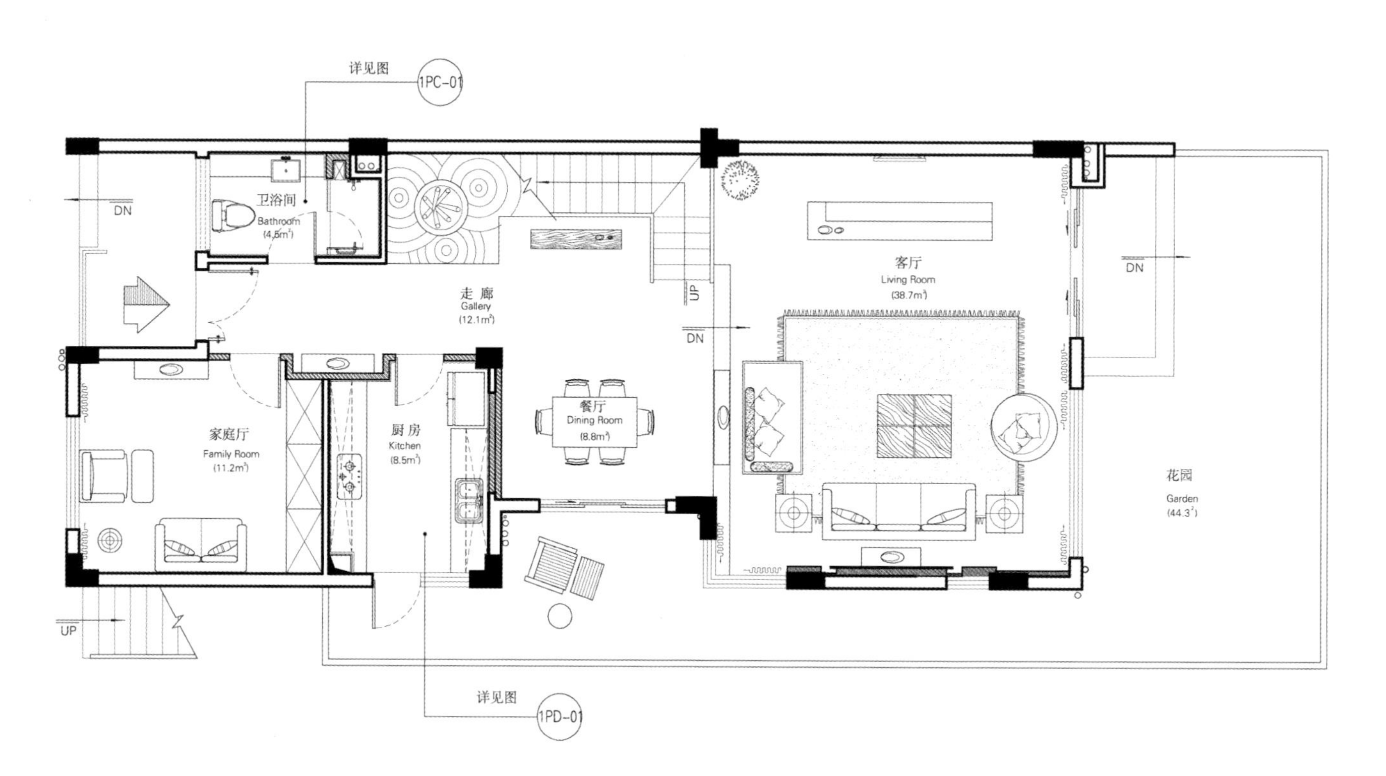

详见图
1PC-01
卫浴间
Bathroom
(4.5m²)
DN
走廊
Gallery
(12.1m²)
UP
DN
客厅
Living Room
(38.7m²)
DN
家庭厅
Family Room
(11.2m²)
厨房
Kitchen
(8.5m²)
餐厅
Dining Room
(8.8m²)
花园
Garden
(44.3²)
UP
详见图
1PD-01

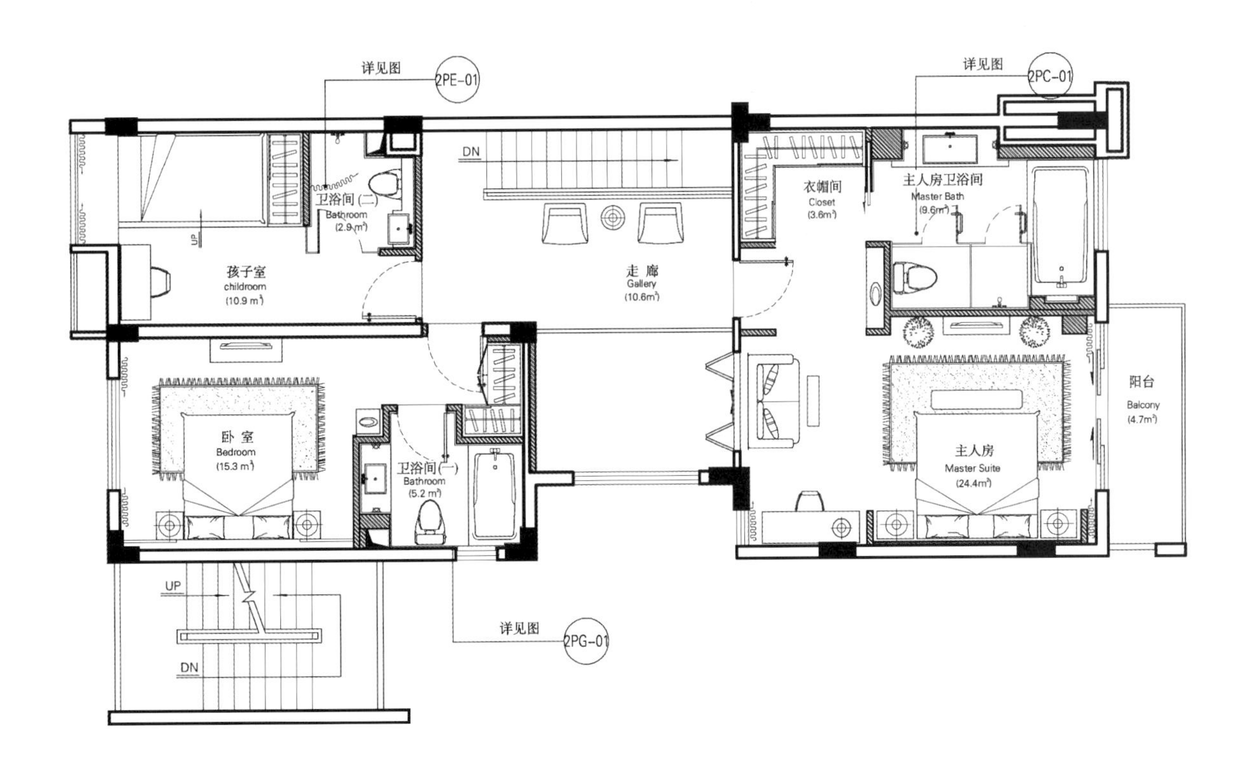
详见图
2PE-01
详见图
2PC-01
DN
卫浴间(二)
Bathroom
(2.9 m²)
孩子室
childroom
(10.9 m²)
走廊
Gallery
(10.6m²)
衣橱间
Closet
(3.6m²)
主人房卫浴间
Master Bath
(9.6m²)
阳台
Balcony
(4.7m²)
卧室
Bedroom
(15.3 m²)
卫浴间(一)
Bathroom
(5.2 m²)
主人房
Master Suite
(24.4m²)
UP
DN
详见图
2PG-01

东方风情
ORIENTAL STYLE SHOWFLATS

可逸豪苑

设计单位：广州市韦格斯杨设计有限公司 / 设计师：区伟勤 / 项目地点：广州市海珠区 / 建筑面积：145.8平方米 / 主要材料：米黄石、黑镜、黑胡桃木饰面、浅褐色肌理墙纸

可逸豪苑，优居江南西核心地段，坐拥海珠地王成熟便利、于寸金寸土的都市中心，精心营造出16万平方米的享受型园林生活社区，以新东方的优雅气质为广州带来与众不同的中式生活。

本案中，中式风格将与现代简约相结合，演绎出简约、舒适及沉稳。为改善原建筑的瑕疵，提高空间的使用度，本案对其原建筑户型进行优化，令空间布局更合理，流线更为顺畅。在整个示范单位中，黑胡桃木饰面成为了主角，深色的调子可以很好地将中式风格的内敛含蓄沉淀下来，再加上墙身色泽柔和的墙纸及墙身造型的应用，使空间不仅具有亲和力，且令视觉增添了现代风格的新鲜感，当中没有运用繁琐的元素，只在焦点部位融入传统的精髓，起到画龙点睛的效果，换以现代的材质、现代的手法，使现代中式的简约、舒适及沉稳感受得以充分体现。

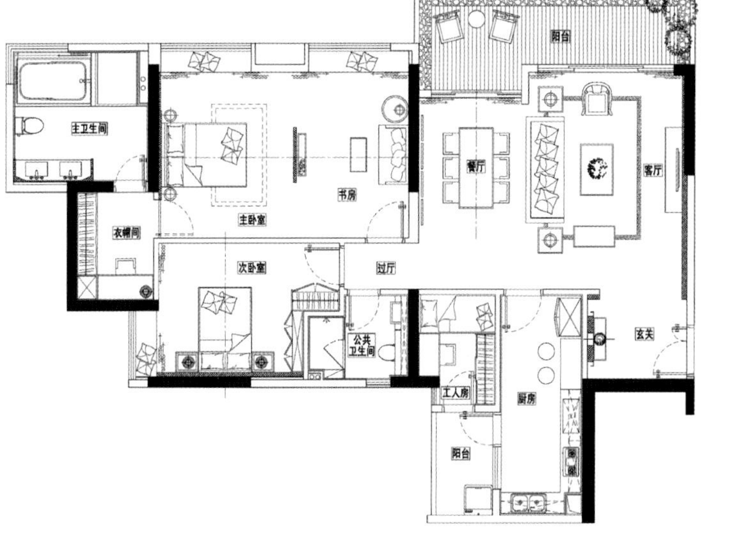
阳台
主卫生间
书房
主卧室
衣帽间
餐厅
客厅
次卧室
过厅
公共卫生间
玄关
工人房
厨房
阳台

感悟东方禅意

设计师：林元娜 / 设计单位：简艺东方设计机构 / 项目地点：福州运盛美之国 / 摄影：吴永长 / 建筑面积：215平方米 / 主要材料：红樱桃木饰面板、进口复合强化木地板、定制染色窗花、竹帘、壁纸等

从日本留学归国的业主钟情于中国文化的深邃与日式文化的平静，同时也注重居家的实用性。于是在这个结构不算复杂的家中，隐含了中式的怀旧古典、日式的清雅摩登、西式的干净利落……然而在这种多元融合的情形下，我们却看不到想象中的拥堵繁杂，惟有一种淡定从容的气息扑面而来。

客厅与餐厅之间用一个略高于沙发的条案做软性间隔，既保证了空间的开放，也加强了视觉层次感。客厅中原木框架的沙发，丝毫压抑不住各色靠枕的活泼憨态，反倒感染上一种未曾有过的轻松。精美的陶瓷茶具沉醉在日式茶几中，让这些风格不一的物件混合出雅致恬静的生活情趣。

地面上的复合强化地板与电视背景墙、房顶上装饰用金刚板的纹理走向一致，使得空间在横向上的穿透感十足。而在客厅圈椅旁、餐厅旁与条案一侧均有窗户存在，它们俨然成了这种穿透感的催化剂，让视线可以到达更远的地方。有人说有窗的地方就有风景，只是窗从来没有意识到自己也可以成为风景。因此在这个家中，窗的出现成为空间中颇为醒目的所在。四方规矩的小窗与顶天立地的落地窗相搭配，在简单之中又有很强的视觉张力，让人感觉舒畅自在。

小窗所在的墙面被刷成了淡绿色，与周边墙面的素白色调形成反差。在这看似简单的大色块中蕴含着设计师细腻的用心，它不但突出了周围家具的娴雅，也成为居室里的唯美的一景。绿色所产生出的安静力量让人行动变缓，声调变低，举止间也有了从容不迫的定力。

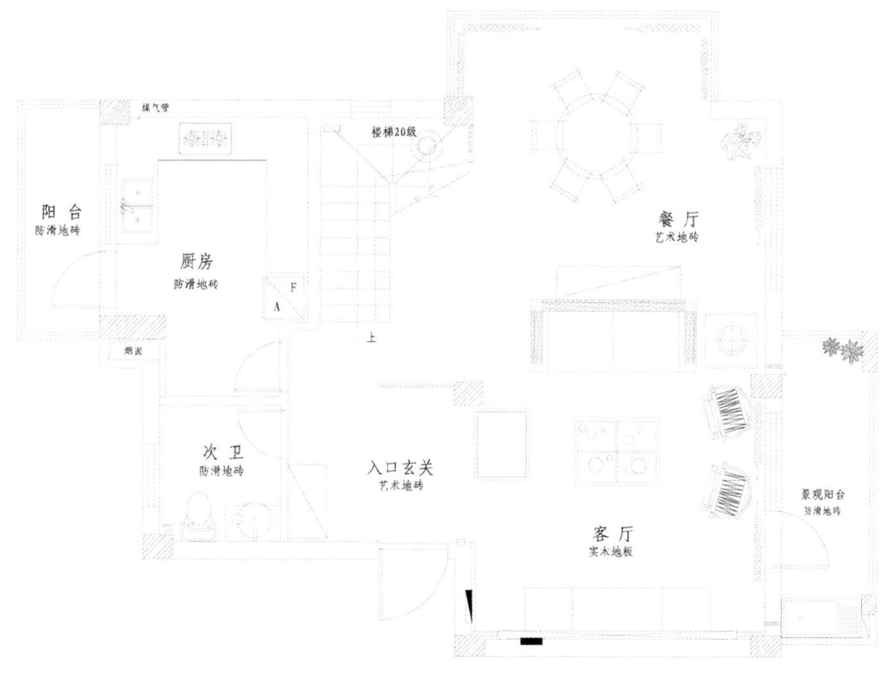
煤气管
楼梯20级
阳 台
防滑地砖
厨房
防滑地砖
A
F
餐 厅
艺术地砖
上
烟道
次 卫
防滑地砖
入口玄关
艺术地砖
景观阳台
防滑地砖
客 厅
实木地板

通往二楼的楼梯旁摆放着一幅窗格，起到玄关的作用。当射灯打在窗格上时，其特殊的结构让空间有着似虚而实的奇妙感。这种设计虽不稀奇，但要将配搭的尺度拿捏到位，仍是一个有关审美段位的考量。在二楼过道玄关的墙上，工笔画的树枝、花朵、蝴蝶让墙面仿佛衔生出了生命。它们不仅在过道出现，也蔓延到了书房之中，让家有跳跃的童趣与人情味。当然，这些图案的颜色和风格，可以根据自己的爱好自由创意。无需太多，只要掌握好大小比例，就能让原本普通的墙面焕发旖旎的艺术气息，成了居室中光彩的装饰。

纵观整个空间，设计师没有把某一种装饰元素作为主角，而是让它们在各自的位置上暗自升华。一面是质朴自然、一面是优雅舒适，有轻有重，有主有次，在理性与感性的对比中呈现出生活的精彩。

土豆的民族风情

设计师：洪德成 / 项目地点：河南 郑州 / 建筑面积：330.54平方米

本案中整个居室空间利用各种灯具，布置出多种光影效果，富有古色古香的木质地板的铺设，营造出既扑朔迷离，又温馨浪漫的气氛，反射出都市里的繁华与精致、前卫与时尚。

客厅与餐厅互通，多运用简单、功能性的直线条，结合少量的花卉、枝蔓等图案，体味简洁的质感和异国气息。选择质感细腻的家居用品，成功展示精致而优雅的生活态度。

卧室是繁忙都市生活中疲惫心灵的最好栖息地，所有的情绪在这里都需要被沉淀与净化，静享一个温馨舒适的独处空间。在颜色上，应采用大面积米色或白色，辅以不同层次的灰、白、黑、红色进行协调搭配，制造一种卧室独有的慵散与宁静。

VAIO

东方风情
ORIENTAL STYLE SHOWFLATS

万科东方尊峪示范单位——中西合璧

设计师：洪德成 / 项目地点：河南 郑州 / 建筑面积：330.54平方米

《清明上河图》的中心是由一座拱形大桥和桥头大街的街面组成。粗粗一看，人头攒动，杂乱无章；细细一瞧，这些人是不同行业的人。《清明上河图》将汴河上繁忙、紧张的运输场面，描绘得栩栩如生，更增添了画作的生活气息。设计师把它点缀在室内，一种深沉的历史厚重感与来自远古的怀旧情愫油然而生，同时体现出对生活的热爱和向往。

清明上河圖

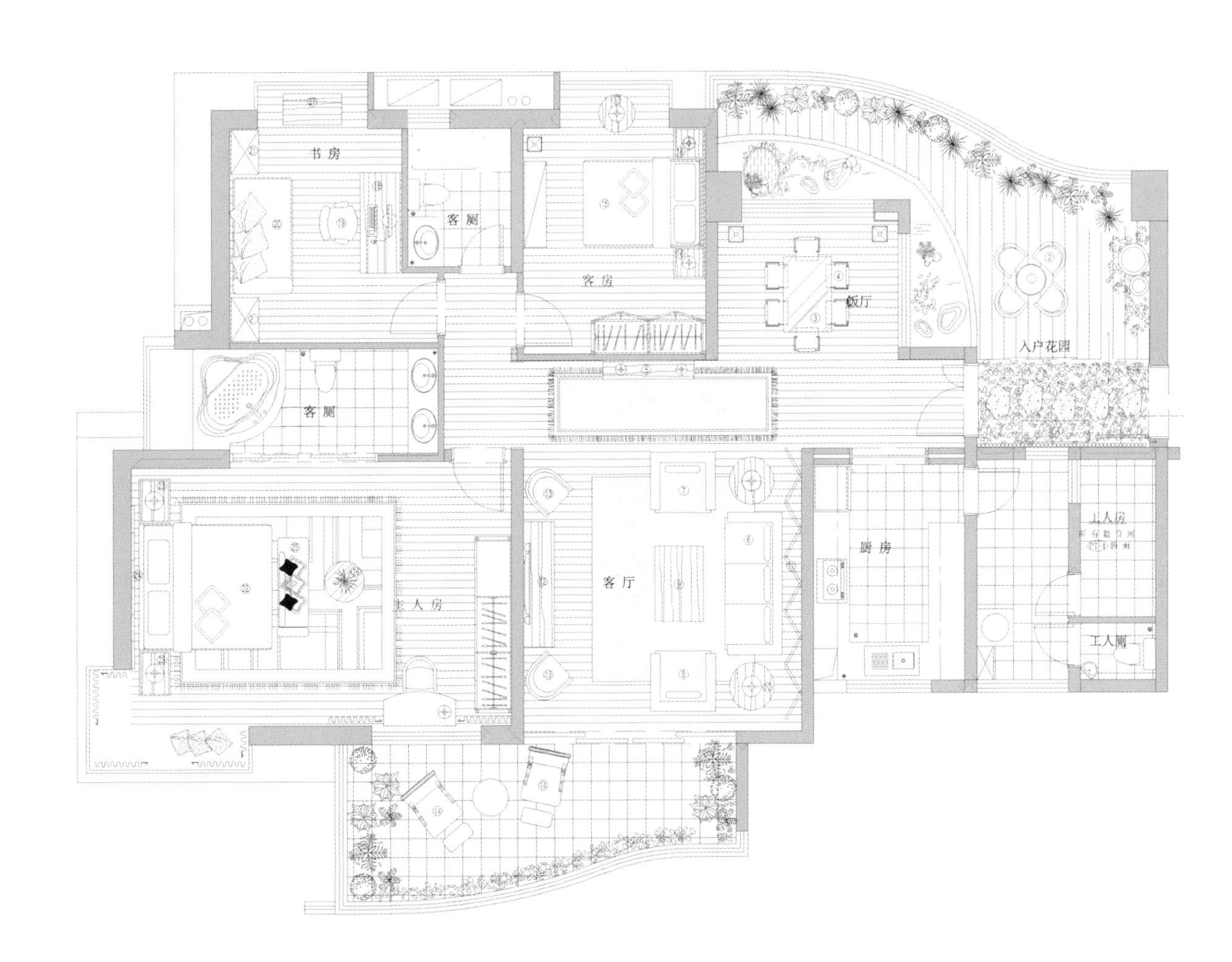
书房
客厕
客房
饭厅
入户花园
客厕
主人房
客厅
厨房
工人房
工人厕

东方气韵
——济南锦绣泉城

建筑面积：165平方米 / 室内布局：三房两厅 / 设计机构：逸思国际–戴勇设计师事务所 / 设计师：戴勇

当我们的生活越来越标榜个性化，住宅作为最能体现个人风格的地方，将对人文品位提出更高的要求。品位的最高境界是回归人性，是体现内心智慧的、符合人性的灵动空间；是人与建筑、环境的高度融合，并从中享受到极大的自由与快乐。

木材和石头最能体现东方精粹那种浑然天成、厚实稳重的味道。在本示范单位里，设计师就是通过运用这些当地材料的巧妙搭配和对比来塑造一个现代的、隐隐中透出一种儒家精神的室内空间，也因此而适合深受儒家文化影响却又豪迈大气的济南人的居住理想模式。

Master Bedroom
Master
Bath Room
Bath Room
Guest Bedroom
Study Room
Balcony
Living Area
Dinning Area
Kitchen

东方风情

ORIENTAL STYLE SHOWFLATS

空中院子
——惠州水云居

设计公司：逸思国际-戴勇设计师事务所 / 设计师：戴勇 / 建筑面积：185平方米

开发商在建筑设计时希望住宅的建筑空间是百变的。即是没有柱子的、最大限度地减少承重墙的、灵活可变动的室内空间，当中，最为得意的是每个户型里的那个屋中花园。

我们为该楼盘设计了两套不同风格的样板房。结合楼盘的名称“水云居”，我们适时宜地提出了带有空中院落的现代中式居住之概念，企图加深观者对“水云居”的烙印。

整体室内设计的重点是进一步扩大客厅的视野，将花园一起纳入范围之内，借落地的玻璃窗和花园的造景形成天然画作的意韵，并帮助实现都市人对花园这一“奢侈”梦想的渴望。其中开放式厨房的设置以及客房和公共洗手间的改造都传达了开发商最初的意图：百变空间。

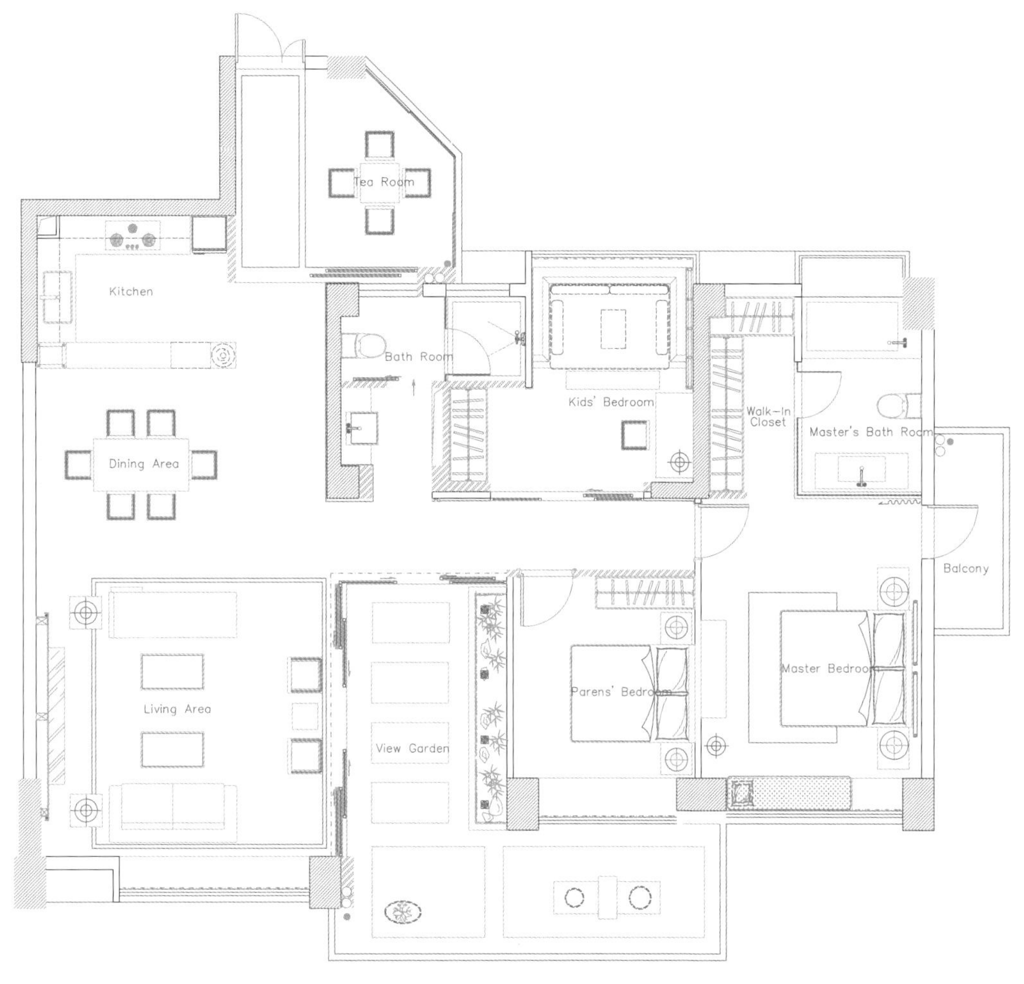
Tea Room
Kitchen
Bath Room
Kids' Bedroom
Walk-In Closet
Master's Bath Room
Dining Area
Balcony
Living Area
View Garden
Parens' Bedroom
Master Bedroom

东方风情

ORIENTAL STYLE SHOWFLATS

苏州印象

——苏州朗诗国际街区

设计公司：逸思国际-戴勇设计师事务所 / 设计师：戴勇 / 建筑面积：185平方米

若把西湖比西子，浓装淡抹总相宜。

意味深长的桥亭院落，曲径通幽的园林府第，再加之贝聿铭先生设计的博物馆，苏州诗画般的美好意境已经完美地印在中国人的脑海里了。巧合而有幸，我们可以在一个带有现代科技系统的楼宇里淋漓尽致地表达了对苏州的情感记忆。由于项目是以精装修的套餐方式交付的，故无矫饰的墙面、过杂的线条造型以及灯光效果，只利用中灰色和浅灰色的乳胶漆对墙体加以主次的区分，加上配合主题的陈设设计，特别是以苏州摄影题材为主的黑白画作，恰好迎合了苏州的淡雅宜人。

景有尽，意无穷。

Kitchen
Maid Room
Bath Room
Parens' Bedroom
Balcony
Dining Area
Living Area
Store Room
Walk-In Closet
Child Bedroom
Study Room
Master Bedroom
Master's Bath Room

中国红
——济南锦绣泉城

设计公司：逸思国际-戴勇设计师事务所 / 设计师：戴勇 / 建筑面积：285平方米

若说苏州是淡抹的风景，那么济南则是浓妆的缩影了。济南人深受儒家文化的影响，对中国的文化有着根深蒂固的情感记忆模式，结合户型的特点，我们希望给居住者营造一个紧随时代脉搏的东方印象居所。于是浓烈的红，结合时尚生活中的奢华，最终使该样板房流露出一种与众不同的尊贵与不俗。

设计师选用了两种视觉艺术作品来点缀空间，其一是意蕴丰富的艺术画作，与空间达到和谐的统一；其二是当代雕塑作品，它们与空间里的具有传统特点的家具形式形成现代与传统的对话，并加深了空间的美学与文化内涵。

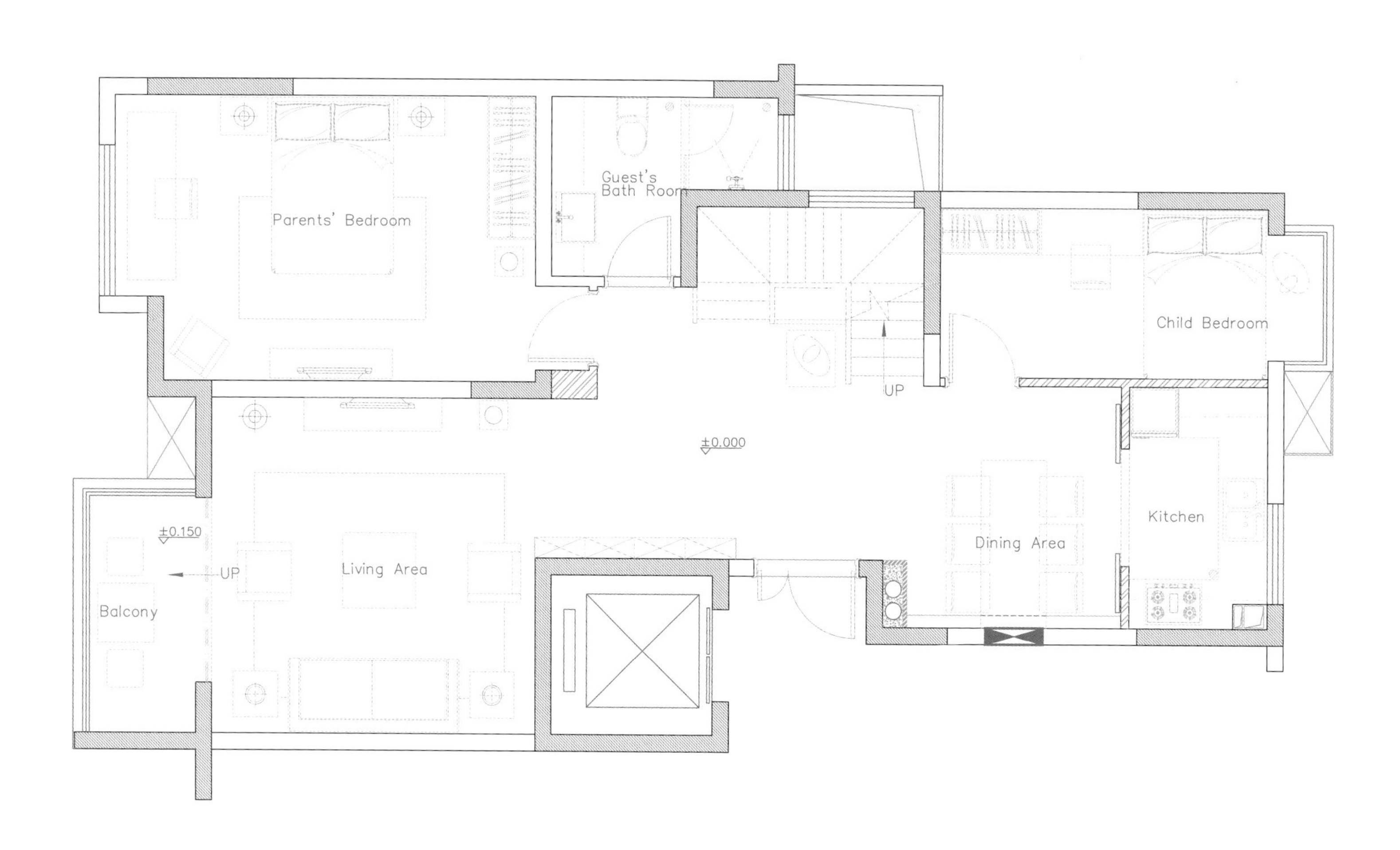

Guest's
Bath Room
Parents' Bedroom
Child Bedroom
UP
±0.000
±0.150
UP
Living Area
Balcony
Kitchen
Dining Area

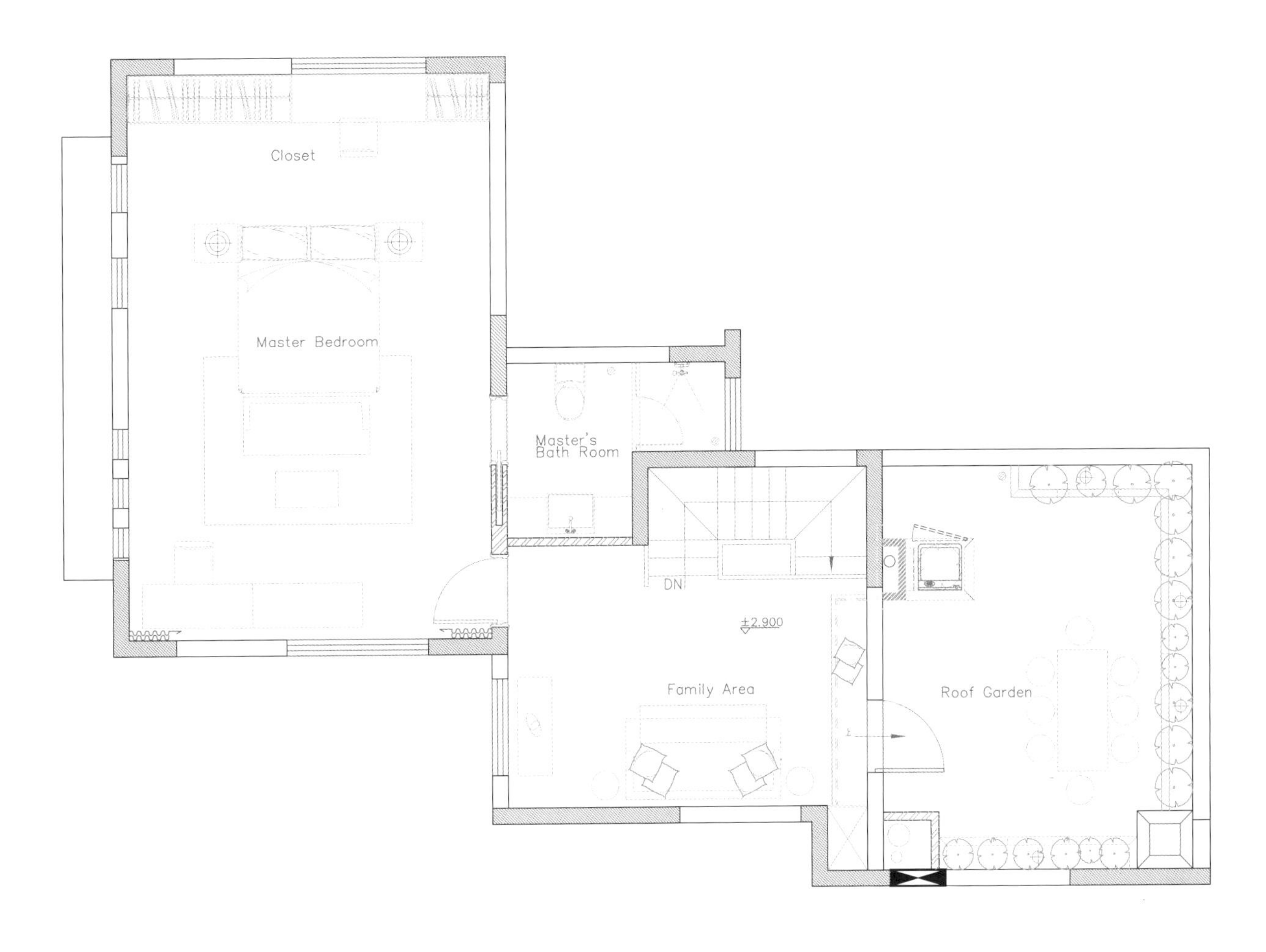
Closet
Master Bedroom
Master's
Bath Room
DN
±2.900
Family Area
Roof Garden

东方风情
ORIENTAL STYLE SHOWFLATS

澳城D栋

项目地点：深圳南山后海大道 / 建筑面积：150平方米 / 设计师：刘卫军

本案将带领您赴一场天然亭韵的盛宴……由于本案面临小区庭院，有山、有水、有竹林，给人以世外桃源的内心感受。当庭院邂逅欧风，在充满自然的气息中显得多少有些“尴尬”，而我们中华民族五千年的历史文化与庭院处处相关、紧密相连，尤其用中式现代风格配以园林景观，真正给人空中别墅的意境与享受，营造出了一个无法衡量的价值空间。本案的中式现代风格，并不完全拘泥于传统，因而延伸出来若干新的形式，新的使用方式，新的搭配方式，融入了更多的现代元素。追求的是神似和形似，但在原来的造型和功能上有了革新，从而更能满足现代居家的需求，体现真正豪宅的价值和价格，是在传统文化基础上的升华。

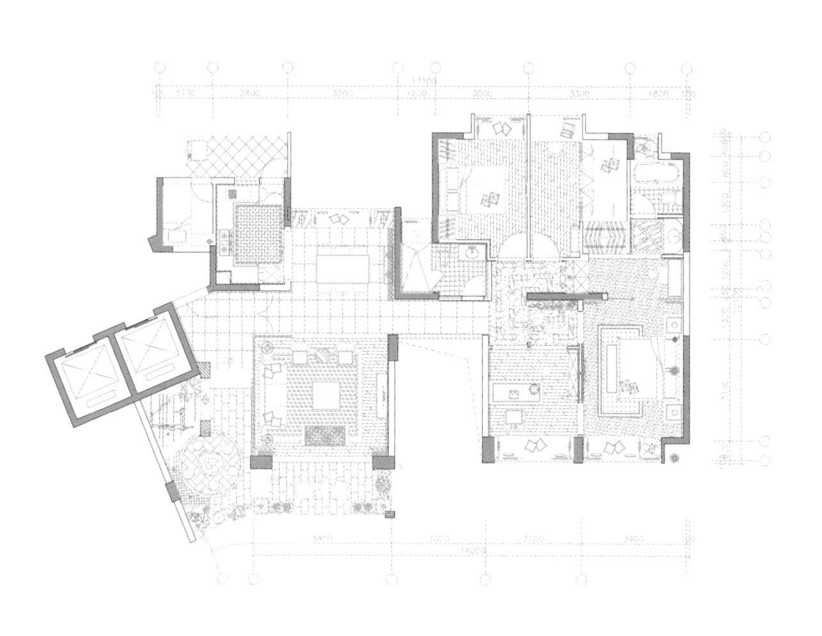

在“藏清亭居”里赏遍四季变幻，营造轻松的生活方式。无论在室内还是室外，人们都可以体验着绿意盎然、阳光妩媚，四季的轮回、草木的枯荣，一切都显示了自然是恬静的、惬意的，自然界的万物都是美丽的化身，同时也体验着美妙的家的温馨与融洽。

藏清亭居——将带领您赴一场天然亭韵的盛宴……儒雅、清溢是生活典藏；意境是生活的乐章；自然是回归空间的平静；包容是一切意的祥和；它高于物的欲、质的求。

百戶納福百戶納福百

东方风情
ORIENTAL STYLE SHOWFLATS

肇庆鸿景观园中式样板房

设计单位：广州方纬装饰有限公司 / 设计师：邹志雄 / 项目地点：肇庆市 / 建筑面积：135平方米 / 主要材料： 仿古砖、水曲柳罩色、实木雕、墙纸

岭南文化的务实、细致、精致，透出的纯然风情及深厚的文化底蕴，是一种深刻的文化姿态。设计师在本案中营造的是一种使空间尽情地挥洒源远流长的神韵，让空间充满生命力的同时也富有文化底蕴。设计师只需几笔就能营造一种气氛，表达一种境界。客厅那一片大红的木雕牡丹花形象墙，在沉稳中以极强的存在感让人无法忽略，布满一面墙的水墨画及趟门，既表现浓浓的西关风情，又注重了空间连接的功能性，让自然穿透的视野加强空间的宽阔与流畅，将空间融为一体。

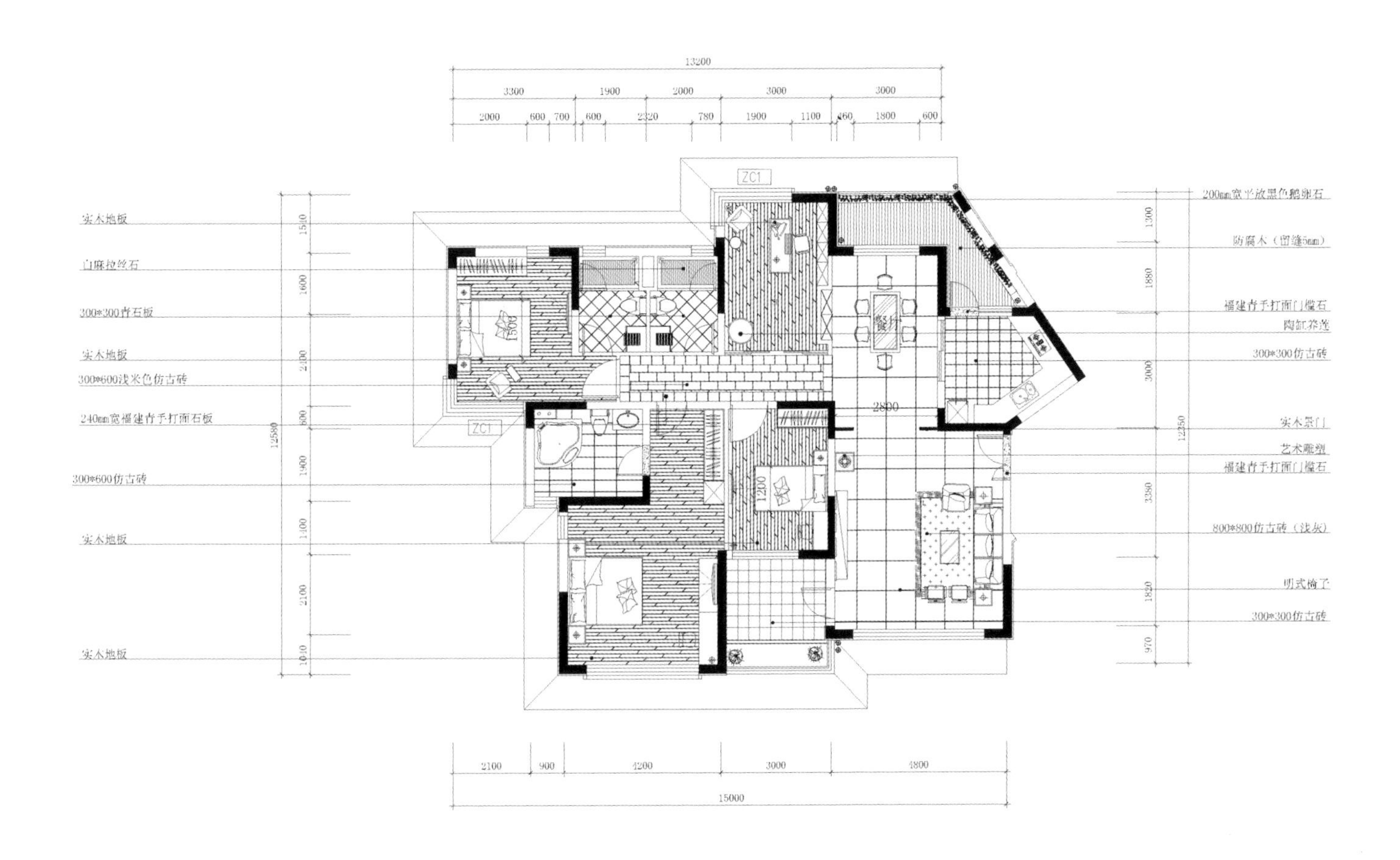
13200
3300
1900
2000
3000
3000
2000
600
700
600
2320
780
1900
1100
460
1800
600
实木地板
白麻拉丝石
300*300青石板
实木地板
300*600浅米色仿古砖
240mm宽福建青手打面石板
300*600仿古砖
实木地板
实木地板
12580
1510
1600
2100
600
1900
1400
2100
1010
200mm宽平放黑色鹅卵石
防腐木（留缝5mm）
福建青手打面门槛石
陶缸养莲
300*300仿古砖
实木景门
艺术雕塑
福建青手打面门槛石
800*800仿古砖（浅灰）
明式椅子
300*300仿古砖
1300
1880
3000
12350
3380
1820
970
餐厅
2800
ZC1
ZC1
2100
900
4200
3000
4800
15000

天母777

设计单位：动象国际室内装修有限公司 ／ 设计师：谭精忠 ／ 参与设计：陈敏媛、刘育婷、翟骏 ／ 摄影师：庄孟翰 ／ 面积：样品屋室内面积110平方米 ／ 主要建材：橡木染色、皮革、铁件、木地板、皮革砖、丁挂壁砖、玻璃、烤漆等

现代简约的空间在繁喧街弄里格外醒目，大片落地窗上反映的树影落入柔和的灯光之中，光影树动，一缕缕光丝穿越树梢，幽幽地洒落在室内空间，令人感受到专属于此处的宁静。大面落地窗旁的开放式餐厅自然地与室外结合，不刻意地将厨房与餐厅区隔开，流畅的线条可将室外的自然景观纳入用餐环境。当夕阳洒落时，空间洋溢着温暖平静的气息，建构出的是一种淡淡的幸福画面。墙面展示的艺术品更突出主人的生活品味与艺术涵养。

设计者注重整体空间密度的安排，墙面连用对称手法强调视觉的延展性，丰富了长型空间的层次。匠心独具的“迷你吧”设计，体贴主人的使用功能，却不破坏主要空间的完整，使此空间呈现另一种私密的、低调的奢华享受。更衣室的规划将所有需要收纳的物品恰如其分地分配其中，活动式珠宝柜更增加穿戴之间的趣味性及便利性，让更衣室犹如展示空间般精致细腻。极具穿透感的浴室大胆地以清玻璃跳脱以往封闭的沉重压迫感，采用双面盆的台面设计，让男女主人虽共同拥有此空间，又能各自保有一方天地。干湿分离的浴厕空间与石材、铁件、实木的联结，创造出度假旅馆般的生活享受。

次卧房线条干净的空间里，巧妙地结合了床头与书桌的功能。白色皮革门片营造出贵气又不失活泼的轻巧质感。舒适的单人床座及开放式层架更显空间的宽敞，也增添了空间的趣味感。

景观休闲阳台采用与涵碧楼同形式的户外铁木地板，饰以玻璃扶手及植栽，结合各种自然元素，呈现出丰富的休闲空间。

浴室空间中皮革及丁挂造型的壁砖有别于以往的单调，表现出空间感及趣味感，家具形式的台面搭配精致的卫浴设备让空间更具一致性。

此方案让人可以清楚地感受到空间的特色和精神，保有对此空间的逻辑性和层次感，更能深切感受到设计的用心及销售立场上的体贴巧思，让生活中的人能够彻底放松，简单享受生活中最美好的时光。

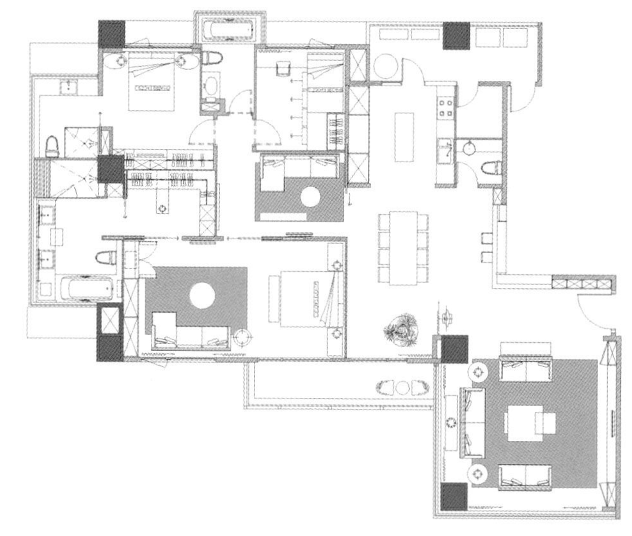

一品苑精品屋

设计单位：动象室内装修有限公司 / 设计师：谭精忠 / 参与设计：詹惠兰、陈敏媛 / 摄影师：庄孟翰 / 面积：82平方米 / 主要建材：橡木染灰艺术浮雕木地板、橡木皮、壁布、墨镜、夹纱玻璃、石材、石英砖

玄关区除了必备的鞋柜及衣帽柜外，柜面材质以墨镜衬托借以增加视觉深度。在入口侧边穿透屏风隐约可见草书字体，同时串联玄关与餐厅的空间感，展现出现代东方的低调内敛，更为玄关制造了生气。

踏入舒适的沙发区内休憩，立刻感受到贯穿客厅与餐厅之开放式空间的宽敞与气度，ARMANI CASE造型的家具及灯饰与空间相互呼应，加强了其格局层次及空间的相互连贯性。

餐厅、厨房区延续客厅之元素及素材，垂直与水平轴牵引整体设计的联结性。以中心轴线为设计发想，入口两侧借以夹纱玻璃屏来营造厨房与餐厅的空间感，这样不但可以放大餐厅空间，并且加强了空间景深的可能性。

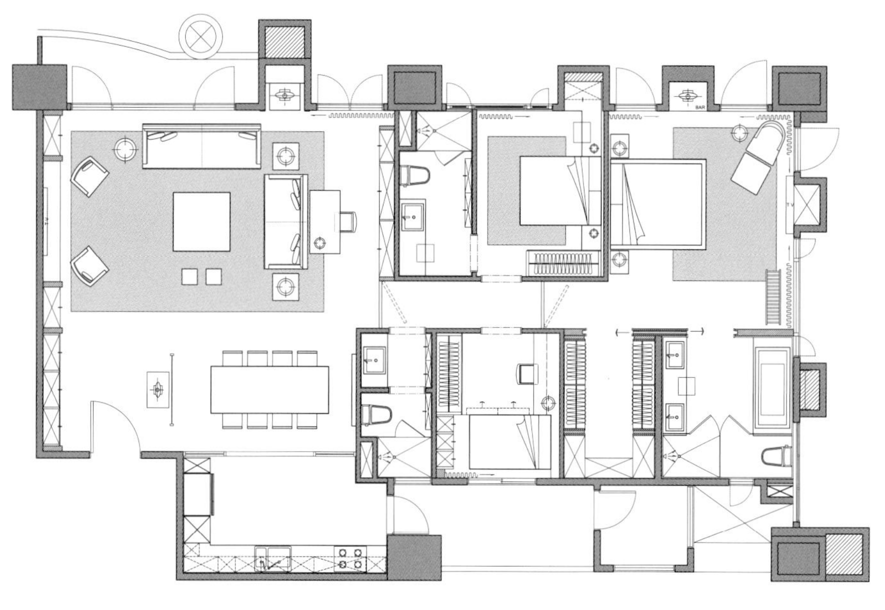

主卧房连用裱画之推拉门来作为床区及主卧浴室之界定元素，启闭之间，除增加空间之深度及开阔度外，更营造出不同之生活趣味，更再一次体现一贯之设计主轴——空间之流动；不仅是视觉上之空间连贯及流动，更是一种生活行为之上的空间流动。

隐藏式的“迷你吧”设计，兼具功能性又能保持空间的完整性，使主人不出房门也能够享受新鲜饮料和满室的咖啡香。

更衣间将天花板上方设计成小型储藏区，可收纳行李箱、棉被等物品，抽屉内贴心的设计绒布格，以便男女主人放置首饰、手表等贵重物品。所有物品完整规划出收纳方式，将更衣空间表现得淋漓尽致，有如精品专柜般之品味。

双面盆的台面与功能独立的浴厕空间，光线明亮充足，不需外出也能够在家享受家庭SPA。饭店般的生活品质，置身主卧空间便能一一感受。

东方风情

ORIENTAL STYLE SHOWFLATS

平顶山东南亚风格样板间

设计单位：砺时装饰设计工程 / 项目地点：河南平顶山 / 建筑面积：140平方米 / 主要材料：仿古砖、复古木地板、洞石墙砖、壁纸、雅士白石材等

灵感源自“人间天堂”印尼巴厘岛，一个充满热带风情的神秘国度。家具经提炼和优化后，无论家私或饰品在选材上，除了保留原有的民族特征和元素外，造型和使用方式更趋现代。

在透着斑驳铜绿的巨幅芭蕉叶掩映下，与纹理清晰、质地细润的斑马木配合得丝丝入扣，天衣无缝。当天然的竹、植物、石与极简的造型相结合，再配以柔和的纱帘和木质的屏风，没有雕琢的痕迹带着一层神秘的东南亚面纱，弥漫着浓浓的巴黎风情，重塑出异域风情与现代风格相糅合所要追求的境界。

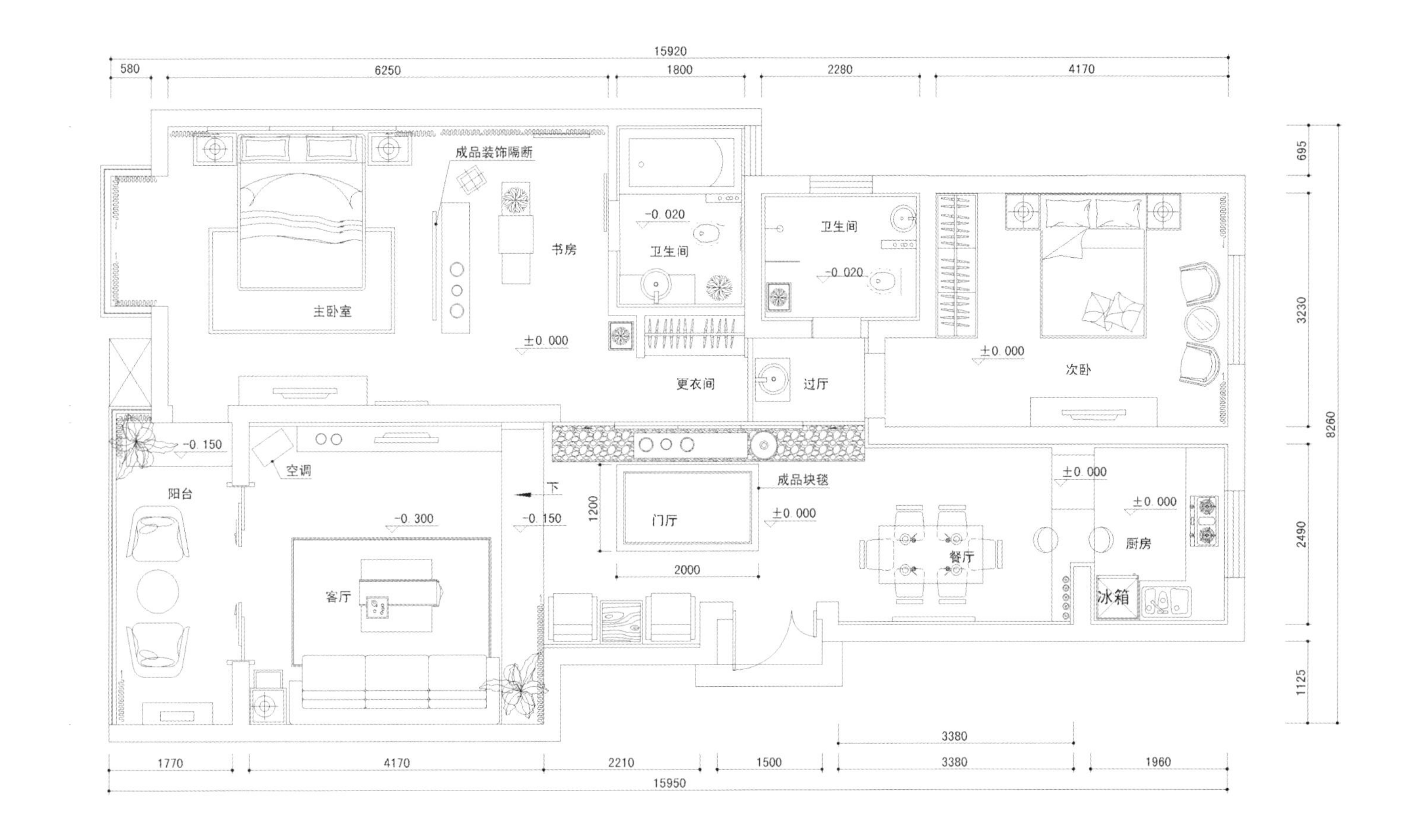
15920
580
6250
1800
2280
4170
成品装饰隔断
书房
卫生间
-0.020
卫生间
-0.020
主卧室
±0.000
更衣间
过厅
±0.000
次卧
695
3230
8260
2490
1125
-0.150
空调
阳台
下
-0.300
-0.150
1200
门厅
成品块毯
±0.000
±0.000
±0.000
餐厅
厨房
冰箱
客厅
2000
3380
1770
4170
2210
1500
3380
1960
15950

东方风情
ORIENTAL STYLE SHOWFLATS

成都心怡·紫晶城A户型样板房

设计师：李益中、龚赛辉 / 设计单位：深圳市派尚环境艺术设计有限公司 / 建筑面积：114平方米 / 主要材料：白色暗纹墙纸、白色实木地板、清镜、红镜、白色木格

本案设计师运用简洁、大气的手法打造出一个现代中式的家居。设计里的中式元素随处可见：镂空的木格屏风，古典的镶边布艺，中式的茶具、托盘、毛笔架，“回”字形装饰……这里就是一个中式的展台。

设计师以素雅的白和中国红作为主色调，搭配和谐，营造出典雅精致的客厅环境。木质地板纹理清晰，柔和的质地带来非凡的感受。阔叶盆栽让绿色驻留，为客厅带来浓浓的绿意。白色的软面沙发搭配同色系的木质座椅，多变的造型活跃了空间气氛。不同的功能区之间仅以镂空木格门作挡，通透的设计让人畅享空间无阻隔的自在。

AC
次卧室
淋浴间
卫生间
餐厅
工作阳台
厨房
主卫
书房
主卧室
玄关
客厅
AC
KT
观景阳台
AC

卧室的风格与客厅相呼应，米白色的花纹墙纸为卧室增添了几分典雅的感觉，搭配同色系的帷幕，共同营造安宁雅致的休憩环境。床头的回字形装饰是设计的点睛之笔，突出了空间的主题。红白两色的床品在视觉上形成冲击，渲染了卧室氛围。书房继续沿用客厅的风格，在白色中点缀红色，造型古典的书桌、充满诗情画意的挂画和吊灯、经典中式的书柜，渲染出浓浓的古典风情和文化韵味。

东方风情

ORIENTAL STYLE SHOWFLATS

保利心语

设计师：区伟勤 / 设计单位：广州市韦格斯杨设计有限公司 / 建筑面积：200平方米 / 装饰材料：乳胶漆、黑檀木、巴黎米黄石和金属马赛克

项目位于广州珠江新城，寸土寸金，商业、科技的气息弥漫每一个角落的大都会CBD。在本案中，设计师将中式风格与高贵、现代、典雅相互结合，意在这个繁华的CBD里演绎一个淡雅、禅意的新东方主义。整个设计没有运用繁琐的元素，只是在焦点部分融入传统精髓，起到画龙点睛的效果，含蓄地表现出东方传统文化色彩。

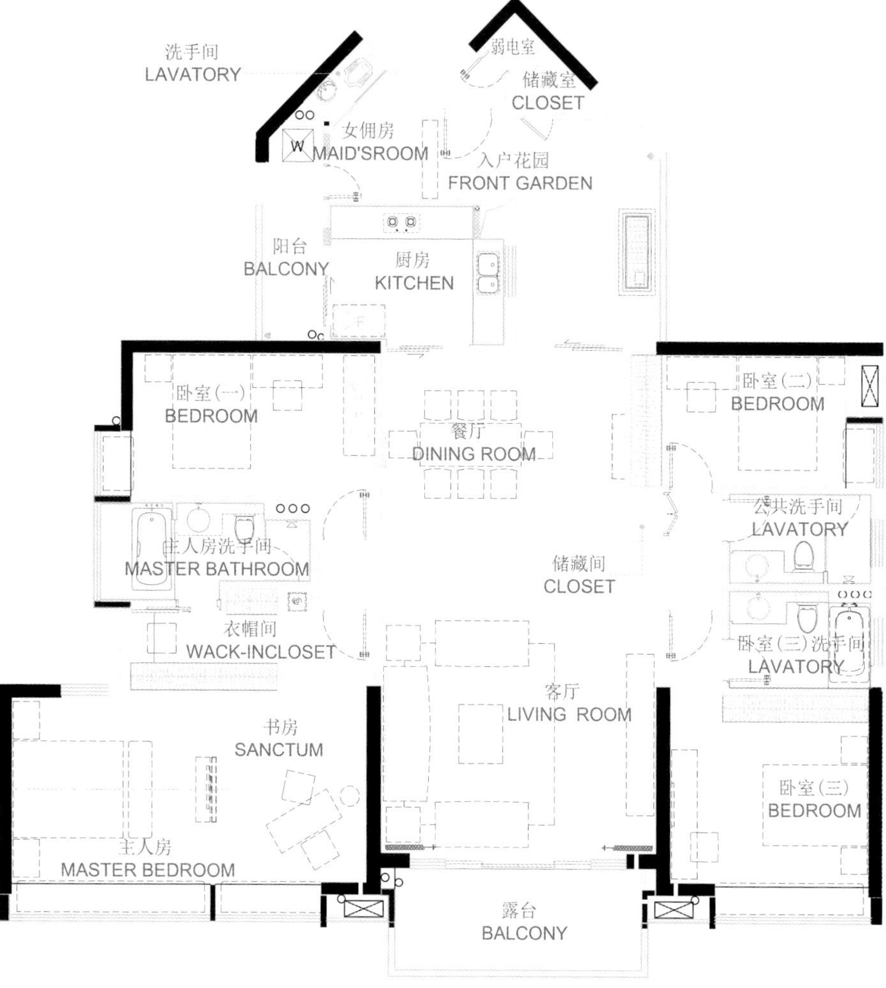
洗手间
LAVATORY
弱电室
储藏室
CLOSET
女佣房
MAID'SROOM
入户花园
FRONT GARDEN
阳台
BALCONY
厨房
KITCHEN
卧室(一)
BEDROOM
餐厅
DINING ROOM
卧室(二)
BEDROOM
公共洗手间
LAVATORY
主人房洗手间
MASTER BATHROOM
储藏间
CLOSET
衣帽间
WACK-INCLOSET
卧室(三)洗手间
LAVATORY
客厅
LIVING ROOM
书房
SANCTUM
卧室(三)
BEDROOM
主人房
MASTER BEDROOM
露台
BALCONY

东方玫瑰花园

设计单位：汕头市红境组环境艺术设计有限公司 / 设计师：古文敏 / 参与设计：林琳 / 项目地点：汕头市金砂东路 / 建筑面积：135平方米 / 装饰材料：大理石、红橡木索色、木地板、墙纸、镜面、玻璃

本案建筑面积135平方米，设计主旨在创造空间美的同时对空间的功能划分进行了整体处理，以现代简约风格为基调，通过简洁的线、面相结合，面与面间通过不同材质、深浅色调的对比表现出空间气度及生活质感。镜面、玻璃以及灯光的用心设计增强了空间的开阔感和艺术美感，家具的选择与饰品搭配，在没有任何具体符号的室内空间中营造出有浓烈的东方禅意的居家气氛。整个空间经过精细设计和规划后，让空间美感得以延伸，单纯简洁却不失温馨。

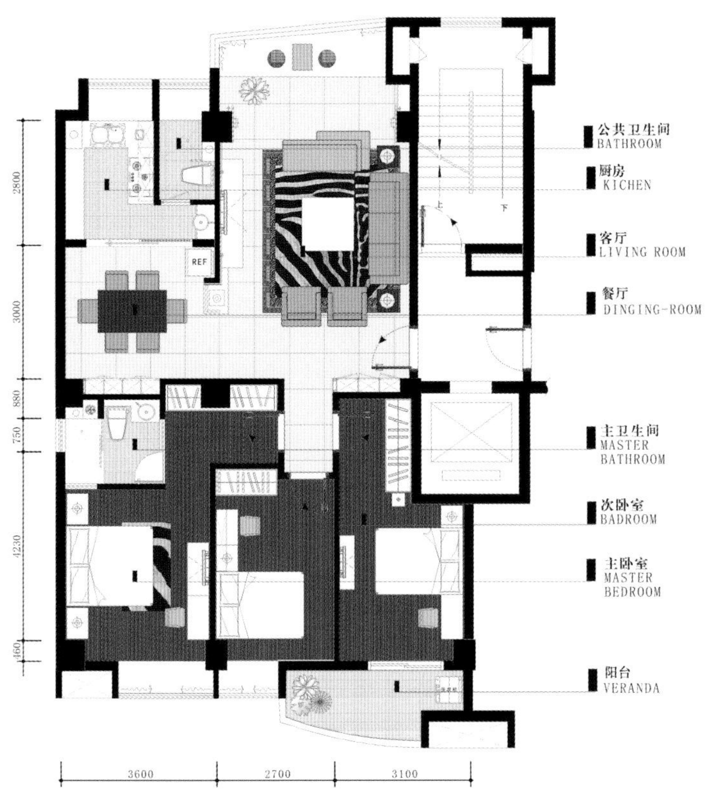
公共卫生间
BATHROOM
厨房
KICHEN
客厅
LIVING ROOM
餐厅
DINGING-ROOM
主卫生间
MASTER
BATHROOM
次卧室
BADROOM
主卧室
MASTER
BEDROOM
阳台
VERANDA
REF
2800
3000
880
750
4230
460
3600
2700
3100

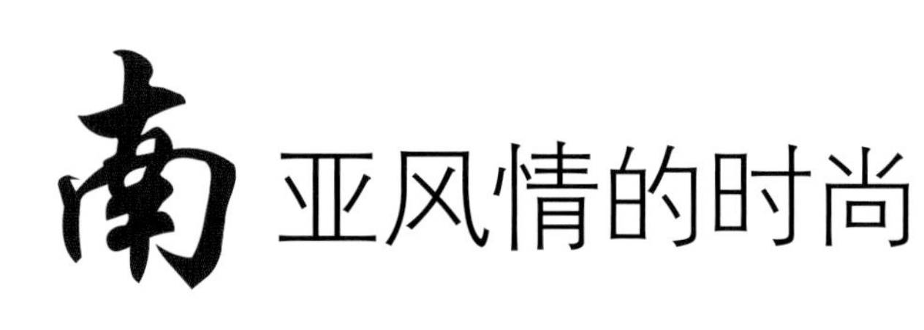

设计公司：深圳市凸凹装饰设计有限公司 / 设计师：蒋彬、吴苏洋 / 建筑面积：139平方米 / 开发商：深圳市祥瑞实业发展有限公司 / 楼盘名称：海语西湾花园样板房

我们并不想做成泰式的，但我们想营造出一种异域风情。所以在设计之初我们就确定了客厅亮黄色的油漆墙面与传统的柚木造型的冲突格局，及木饰面假梁天花造型。

客厅是所有空间中的重点，电视背景墙是一个木饰面与石材相结合的一个东方风格造型，在强调其本身的装饰效果的同时，强调了其展示功能，隆重的线角烘托着高台面上别具一格的泰佛，让整个空间有了灵魂，提升了层次，并将异域的文化融入整个空间。

风格化成组的吊灯与圆形的餐桌构筑的是悠闲而又融洽的餐厅。在露台绿树园艺的自然风情的陪衬下，让生活真正成为一种享受。

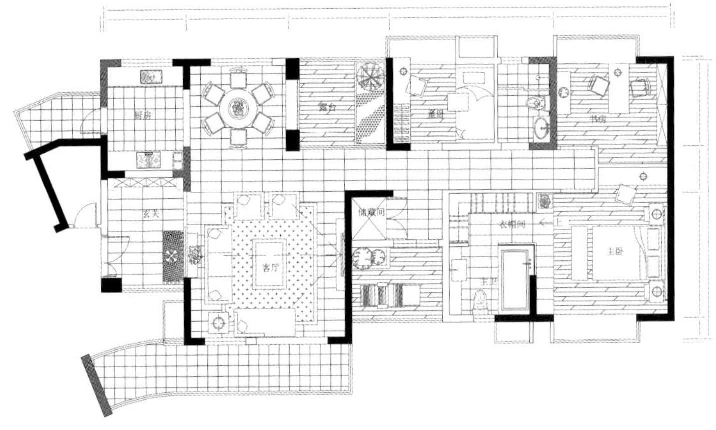

大空间的主卧，是人生的一种追求。主卧将半开放的主卫空间与衣帽间融为一体，形成完备的功能空间。大床旁简洁的化妆台，配以装饰性很强的化妆镜，是品质生活的一种体现。天花的造型强调的同样是一种风情和温馨。简洁的扪布床头造型，还有那浪漫的以高差区分的洗浴空间，让主卧空间层次分明。玻璃隔断及下沉式的浴缸空间，掩映在大床的视野之内，让生活的情趣得到无限的延伸。

玄关空间也是空间的一个亮点。壁龛式的鞋柜造型，配以陶罐干枝禅味十足的情景布置。还有那造型独特的铁艺蜡烛壁饰，将异域情调的主题作了最好的诠释。

勿触摸

苏杭风韵

项目地址：商丘建业 / 建筑面积：130平方米 / 设计单位：河南鼎合建筑装饰设计工程有限公司 / 主设计师：李珂 / 参与设计：郭新霞 / 主要用材：灰砖、青石板、金镜、奥松板

此户型为三房两厅，定位新中式风格，但不仅仅是对传统中式的诠释，更是立意表现传统与现代的交融。

原建筑空间较为方正，因此在平面设计上稍做局部调整，使空间更为通透。空间中大面积的留白，赘述不多，灰砖绿瓦间却蕴含悠远的意境。巧妙地利用空间内中式窗格、金箔六扇屏以及祥云图案的提炼，配合简约古朴的家具，高雅、致趣；水景、鸟笼、瓷器、抱枕，细节中无不体现出宁静闲适、悠然的生活理念。

整个空间大气却不张扬，富贵却不凝重，用简练的现代设计语言阐释出无限的雅致与风韵。

主卫
主卧房
卧房
卫生间
书房
茶室
厨房
水景
客厅
茶室
餐厅
入口

东方风情
ORIENTAL STYLE SHOWFLATS

远雄·大未来样品屋

设计者：玄武设计 / 参与者：黄书恒、欧阳毅、许棕宣、蔡明宪、许宜真、胡春惠、胡春梅 / 摄影者：王基守 / 坐落位置：台北市 / 主要材料：烤漆玻璃、木皮、金箔、钢琴烤漆、观音石材、马鞍皮 / 面积：97平方米

有人藏富于屋，有人藏富于心，住宅的设计也是如此。

玄武设计团队避开画栋雕梁的俗气，除去金碧辉煌的夸饰，撷取了古典与现代的意涵，将大户人家自在却又低调的风华，表现得淋漓尽致。

进门处玄关大理石地材上所呈现的古雅图案，正是撷取自西方宝藏铜锁的图腾，却又奇妙地带着悠悠的中式情韵。这美丽分明的图腾，正有如“家徽”般，标示了这个住宅空间的大器与品味。

转进大尺度的客厅，加长尺度的深色织锦沙发，背后坐落着线条利落细致的半裱布淡金色屏风。客厅中两座主桌更是薄施银箔，点亮一室中心。雷射切割的白色窗花，安装于主墙电视柜上，成为视觉焦点，在开闭窥隐之际，更为空间平添排列组合的趣味。

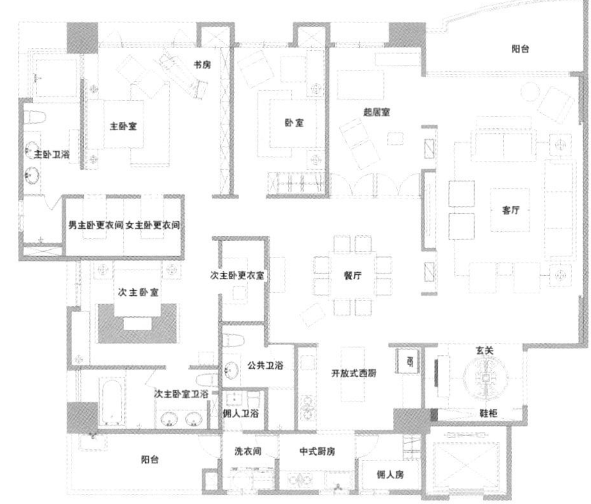

餐厅的主灯以珠纱点缀，带着一点低调的华丽元素。切割精准，带点现代感的白色窗花，此时出现在推拉的折叠门上，在场域转换、进入私人起居空间时，更成了虚实之间的美丽界定。私人起居室带点慵懒的新上海风，看似随性，却又对比强烈的红绒沙发与黑白花单椅，诉说着女主人的浪漫情愫。

公共空间天花板更轻刻出科技现代风的意象，晶片电路似的线条符号，在这新中国古典风的雅室中，竟是意想不到的吻合。本案设计师带点童心的巧思，更为公共空间开创出一种看似矛盾的幽默美学。

主卧室色泽更加淡雅，让人尽释风尘扰攘。相对于床尾、倚与窗畔的书桌，加上占据一整面墙的书架，更陈明了大户主人的恋恋书香。次主卧室也是一应俱全，更降低床板高度，体贴入住长辈的需求。另一间卧室也是雅致宜人，期望让居住者充分放松身心。

公共空间的隐约风华，如淡匀脂粉的倾国美女，在不经意中洒落绝代灿烂。私人场域的自在风雅，让家宅回归休憩身心的本质。玄武设计团队期望在开闭、显隐、进出不同空间的品味拿捏，游弋自如，恰如其分。

本案设计团队在此一豪宅样品屋的设计中，特意以不落俗套的方式，呈现大户风范。玄武设计用心造就，流畅铺陈，神起云动，处处可见。

康达尔·五期蝴蝶堡样板房

设计师：康华 / 设计单位：深圳市汉筑装饰设计有限公司 / 项目地点：深圳布吉 / 建筑面积：132平方米 / 主要材料：水洗面泰白青、墙纸、泰柚木地板、泰柚木饰面

在当今这个浮躁的社会，人们已经失去了很多对心灵的追求。本案则是以重新唤起人们对心灵的平静的追求为目的。以巴厘岛式的原生态东南亚风格为设计蓝本，大量运用自然材料，充分体现休闲与平静意境的同时也体现了东南亚式的居室空间感。

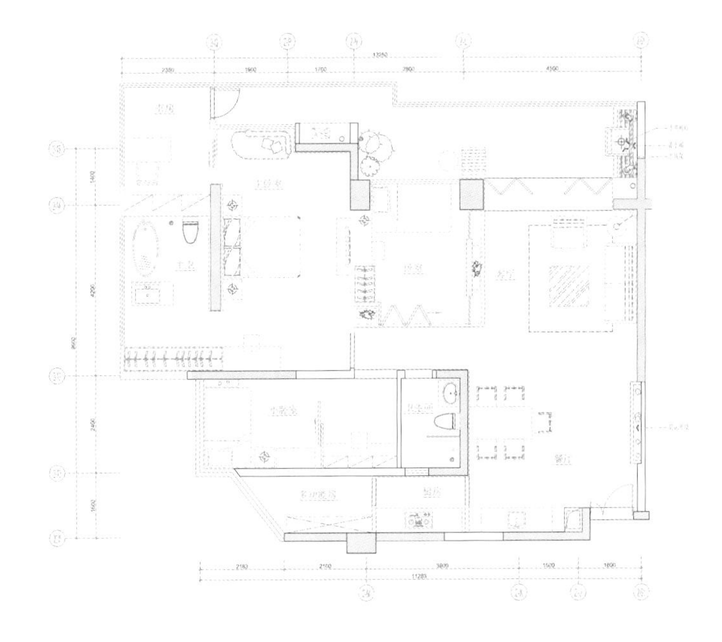

Egypt
Egypt
Egypt
Egypt
Egypt
Egypt

厦门水晶森林晶尚名居样板间

设计师：郑传露 / 设计单位：福建省厦门市共想装饰设计工程有限公司 / 项目地点：水晶森林晶尚名居 / 建筑面积：138 平方米 / 主要材料：洞石马赛克，墙纸，地砖，强化木地板，玻璃

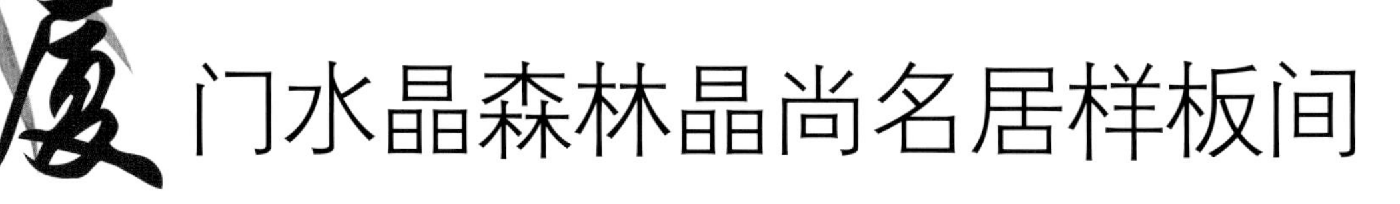

休闲、健康的慢生活方式及氛围，是客户对本案的要求。融合传统巴厘岛风的建筑元素和现代的简约设计，将空间、色彩、线条完美地搭配起来，充满几何美感。

室内每个房间都可让人触摸到与众不同的东方风尚，每个房间里的家具、织物和艺术品都经过精挑细选，为的是展示亚洲独特的文化个性，揉合传统文化混搭风情，让人要做的仅仅是放松心情，哪怕只是闲倚着沙发，看看书，静静地思考。

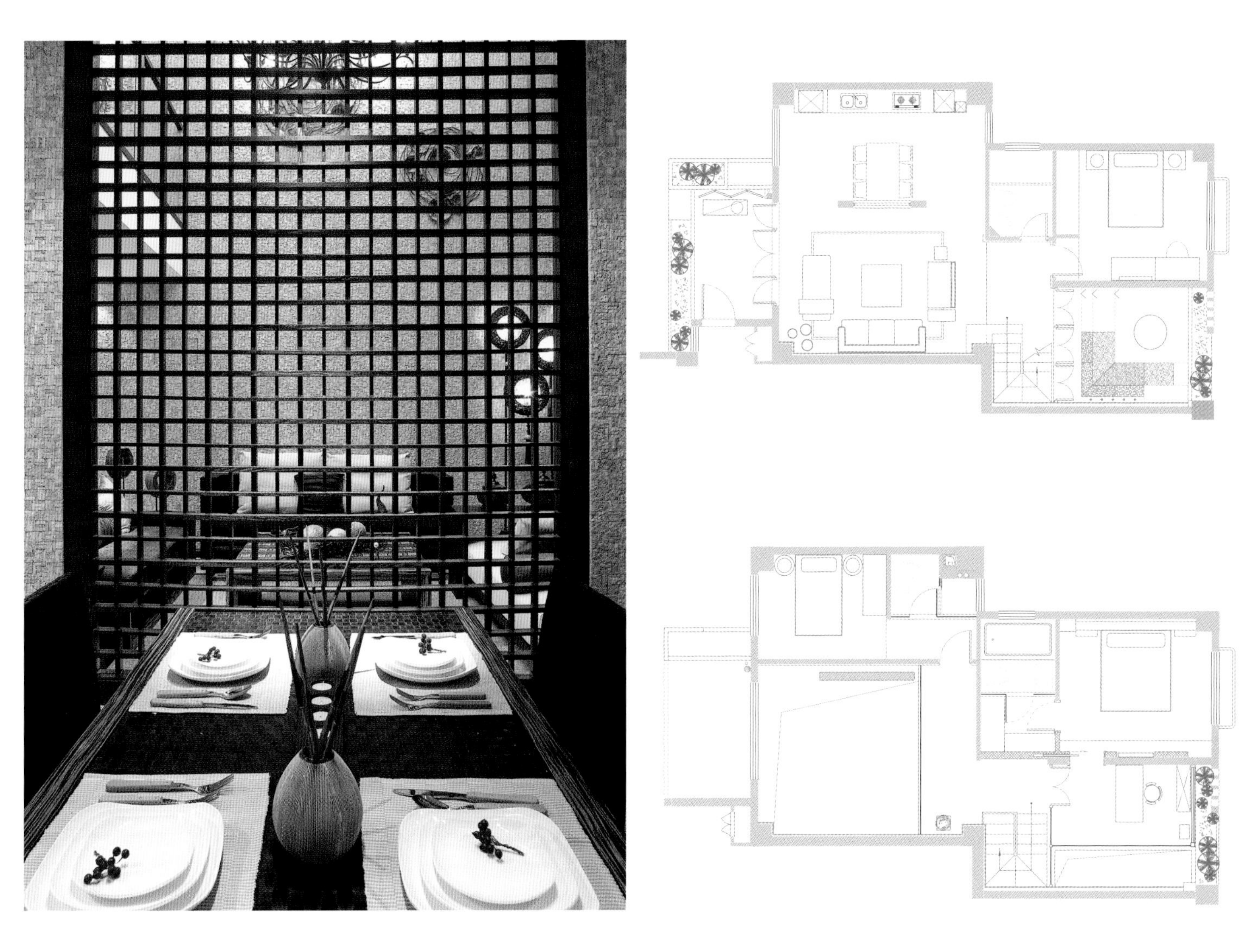

东方风情

ORIENTAL STYLE SHOWFLATS

对外君临C户型

设计公司：香港战神装饰陈设顾问有限公司 / 设计师：陈方晓 / 项目地点：厦门 / 建筑面积：175平方米 / 主要材料：水曲柳木饰面、石材饰面、砖饰面、马赛克饰面、涂料、玻璃饰面

色是空间的灵魂。

灰色，即无色，无色之灰色扩张着空间的东方精神。

浅啡色，如檀香般漫延无处不在，轻吟着只属于东方的神韵。

线条，如东方绘画中的白描，勾勒着空间的尺度感。

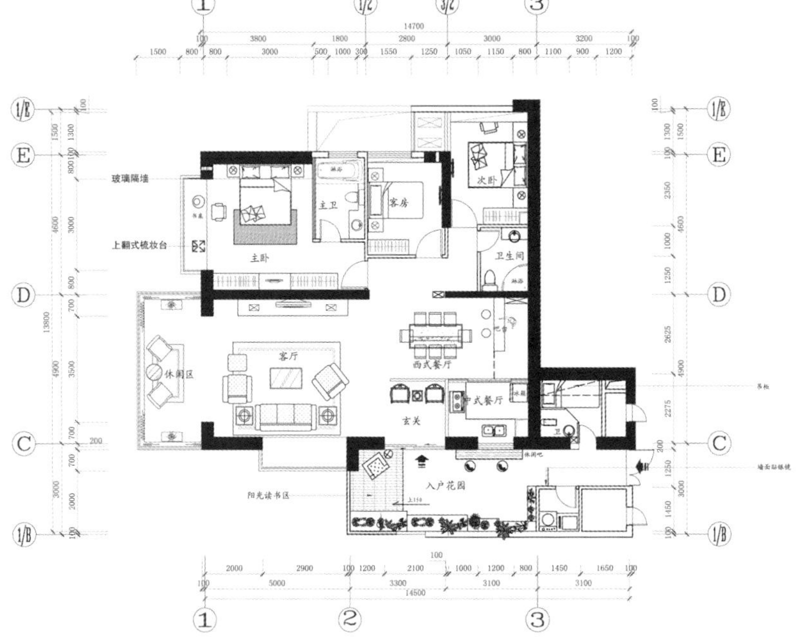

玻璃隔墙
上翻式梳妆台
主卧
主卫
客房
次卧
卫生间
休闲区
客厅
西式餐厅
中式餐厅
玄关
入户花园
阳光读书区
休闲吧

东方风情
ORIENTAL STYLE SHOWFLATS

庆泽园陈公馆

设计师：黄俊盈 / 设计公司：梵古设计开发中心 / 项目地点：台北市 / 建筑面积：138平方米 / 主要材料：阿拉斯加香杉、玻璃、石材

室内空间规划材质及造型，除了视觉、触觉外还能加入些什么呢？设计师尝试加入嗅觉，利用阿拉斯加香杉作为空间嗅觉来源，从玄关端景到客厅大小茶几、餐厅、餐桌椅及吧台椅，最后到主卧室床头柜、窗台上手工刨切的圆单椅，利用香杉散发出来的芬多精香味，舒缓居住者的身心压力。

空间定调为都会休闲，利用简单的线条切割不强调太多的壁面造型，选用四一、晴山品牌家具及原创雕塑壁饰，以及四一、卡西娜灯饰，烘托全室空间的质感。较有趣味性的是男女小孩房间的空间设计：女孩房是中国大红花布，利用餐椅改良设计的摇椅，不上漆的松木书桌；男孩房是篮框、书桌与楼梯的巧妙结合及遮蔽水管的松木积木群。

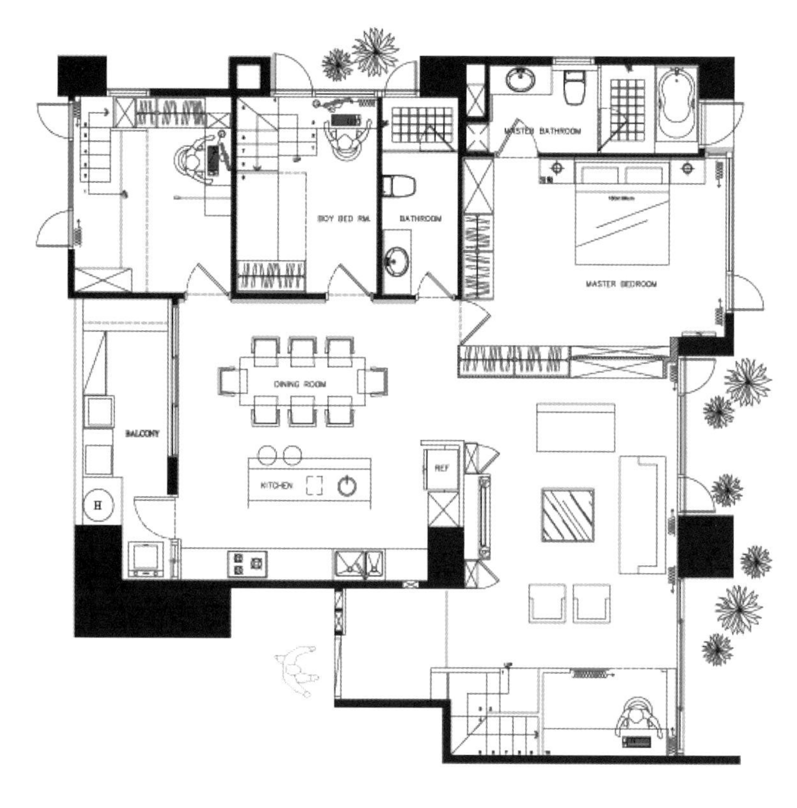
MASTER BATHROOM
BOY BED RM.
BATHROOM
MASTER BEDROOM
DINING ROOM
BALCONY
KITCHEN
REF
H

NETS

东方风情
ORIENTAL STYLE SHOWFLATS

万科红郡

设计师：张笑 / 设计公司：南京锦华装饰 / 项目地点：南京 / 建筑面积：320平方米 / 主要材料：墙绘、洞石、软包、红橡木、墙纸、镜面不锈钢、珠帘、黑镜等

本案面积在320平方米。业主为成功的企业家，风格定位是优雅的新古典中式。特别强调空间的文化品质，所以用改良的手法把中国文化演绎得恰到好处。古典与现代在一个空间里和谐共存，空间内敛而不张扬，低调奢华的气息扑面而来。设计师不仅通过荷花这个主题来演绎中国文人的清高，也寄寓了家“荷”万事兴的美好祝福。

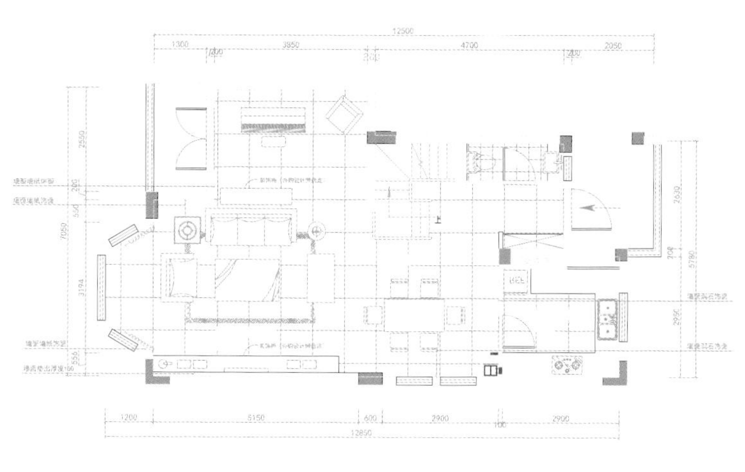

一层平面布置图

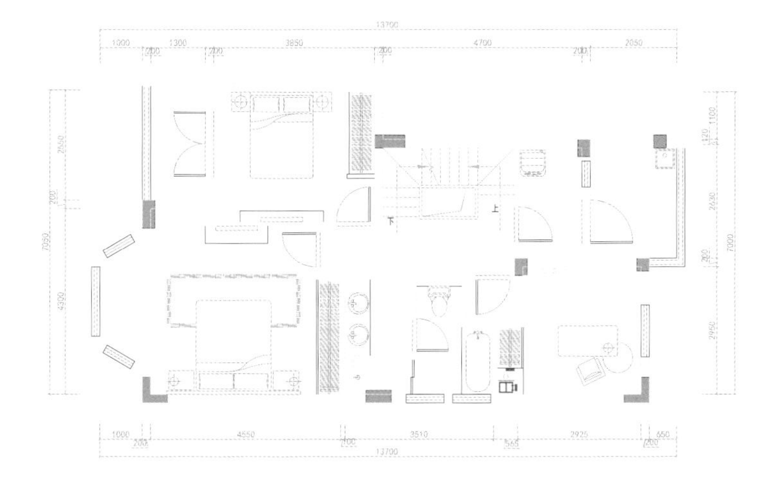

二层平面布置图

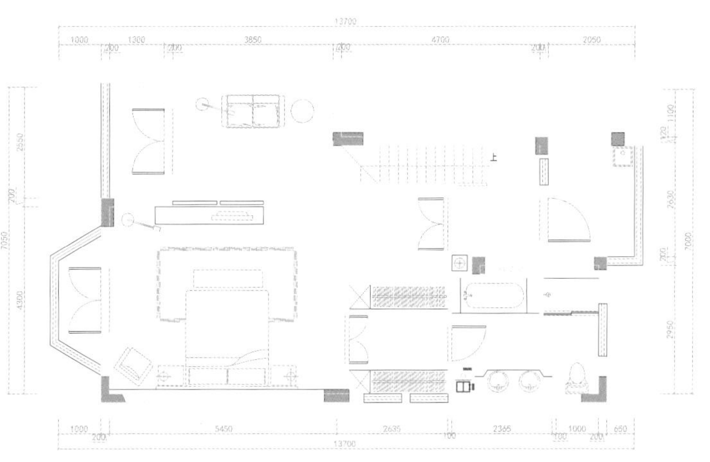

三层平面布置图

东情西韵

设计师：戴勇 / 设计单位：戴勇室内设计师事务所 / 项目地点：深圳福田皇岗口岸 / 建筑面积：260平方米

本案是位于深圳福田皇岗口岸的超高层高尚住宅物业项目，面积约260平方米。

原建筑结构不甚理想，设计师将空间重新规划，尽可能地改变空间功能分隔以求取得最好的空间视觉效果：原呈三角形的客房改为开放式书房，采用可旋转的传统木格门扇的元素加以现代演绎，可开可合，最大限度地保持了空间的通透。厅与卧室之间的隔墙处理手法亦同，均在满足了采光采景同时，力求表现出东方的居住环境空间，加强空间的交流性。

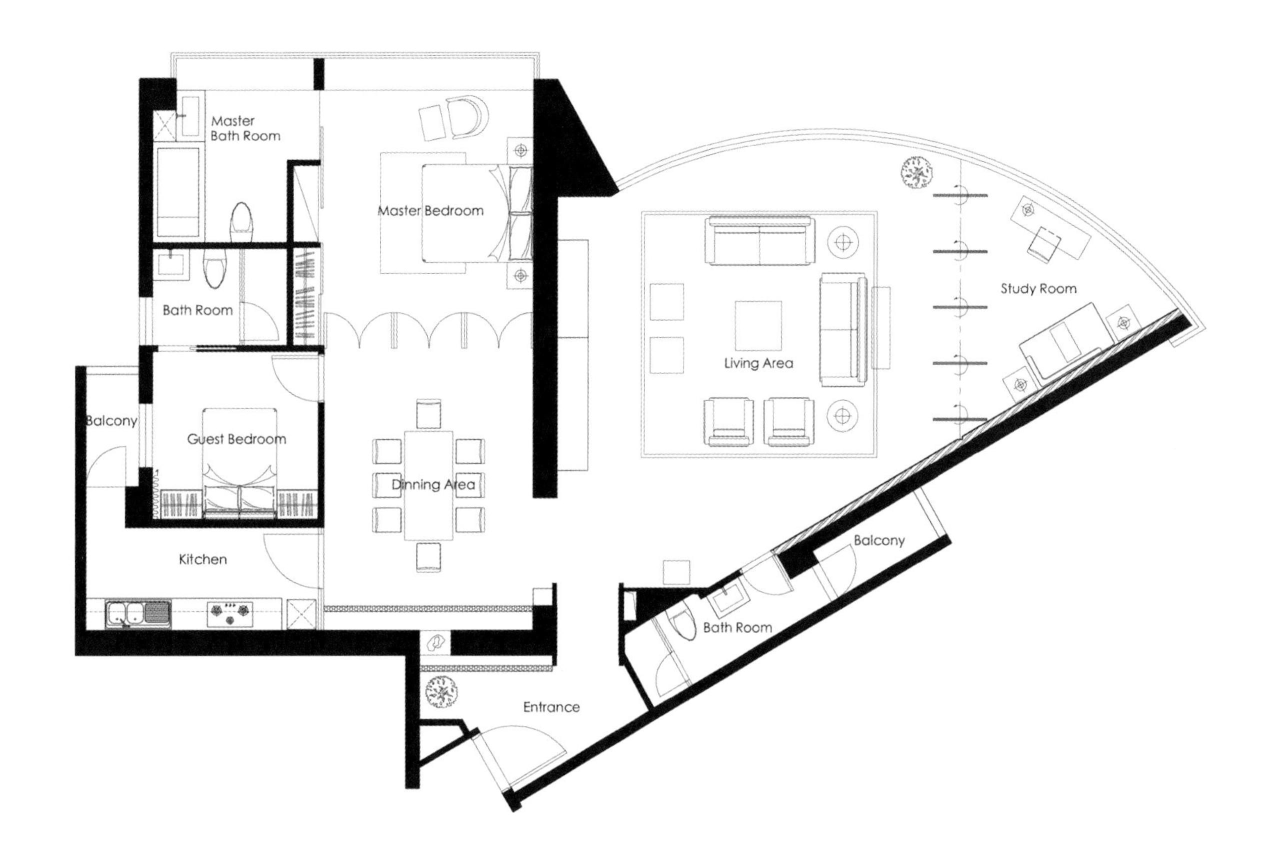
Master
Bath Room
Master Bedroom
Bath Room
Balcony
Guest Bedroom
Dinning Area
Kitchen
Living Area
Study Room
Balcony
Bath Room
Entrance

东方风情
ORIENTAL STYLE SHOWFLATS

东南亚风格——泰皇出巡

项目地点：广州琶洲雅郡会展世界城 / 建筑面积：150平方米 / 主要材料：卡萨灰石、雨林绿石、砂岩、法国木纹石、泰柚木、喷砂玻璃、高密度板雕花 /设计师：马劲夫、赵克非

东南亚地区奉象为神明，是权贵和地位的象征，于是本示范单位就围绕大象和热带雨林的芭蕉为主素材，努力营造与普通东南亚样板房不同的，以泰王行宫般豪华为标准的示范单位。进入本案，映入观众眼帘的首先是带东南亚风格的沙岩门套及精美的泰王出巡为主题的大象灯箱，为此设计师还亲手为此图案打稿描绘，可谓独具匠心。而客厅的大型芭蕉沙岩造型及墙背软包装饰，更是令空间气氛充满着热带雨林的情调。除此设计师还结合卡萨灰石、雨林绿石、砂岩、木纹石、泰柚木、玻璃喷砂、高密度板雕花等旧材新做的方式，营造了一个富丽堂皇，休闲自在的泰王行宫。

本示范单位的楼盘，是一个针对世界性客户的楼盘。所以我们利用本示范单位展现更多不同文化 、不同美学元素。

休息阳台
厨房
餐厅
儿童房
长辈房
公卫
主卫
多功能房
客厅
主人房
储藏室
花园阳台

图书在版编目（CIP）数据

影响中国室内设计进程的188套样板房系列. 东方风情 / 徐宾宾主编. -- 南京 : 江苏人民出版社, 2012.10
ISBN 978-7-214-08465-1

Ⅰ. ①影… Ⅱ. ①徐… Ⅲ. ①别墅－室内装饰设计－中国－图集 Ⅳ. ①TU241-64

中国版本图书馆CIP数据核字(2012)第144008号

影响中国室内设计进程的188套样板房系列——东方风情

徐宾宾 主编

责任编辑：刘　焱
特约编辑：刘晓华
版式设计：李　迎
封面设计：张　萌
责任监印：彭李君
出版发行：凤凰出版传媒集团
　　　　　凤凰出版传媒股份有限公司
　　　　　江苏人民出版社
　　　　　天津凤凰空间文化传媒有限公司
销售电话：022-87893668
网　　址：http://www.ifengspace.cn
集团地址：凤凰出版传媒集团（南京湖南路1号A楼 邮编：210009）
经　　销：全国新华书店
印　　刷：深圳当纳利印刷有限公司
开　　本：965毫米×1270毫米　1/16
印　　张：18
字　　数：144千字
版　　次：2012年10月第1版
印　　次：2012年10月第1次印刷
书　　号：978-7-214-08465-1
定　　价：268.00元
　　　　　（本书若有印装质量问题，请向发行公司调换）